"十四五"时期国家重点出版物出版专项规划项目

智慧水利关键技术及应用丛书

智慧水利数字孪生技术应用

（第2版）

ZHIHUI SHUILI
SHUZI LUANSHENG JISHU
YINGYONG

娄保东 李政宏 刘丰年 尹业飞 著

中国水利水电出版社
www.waterpub.com.cn

·北京·

内 容 提 要

本书基于数字孪生水利技术，构建了从模型建立（克隆），数据采集与传输（映射），算据、算法与算力（"三算"）到预报、预警、预演与预案（"四预"）等全过程数字化智慧水利应用方案。该方案能够应用在江、河、湖、海等不同水利场景应用平台中，具有很好的启发与示范作用。本书旨在推动数字孪生技术与水利工程融合发展，解决智慧水利建设面临的技术瓶颈和难题，助力水利科技再上新台阶，为水利设施朝着一体化、信息化、数字化、智慧化发展提供新的解决方法与思路，对变革水利具有重要参考价值，是今后智慧水利建设发展的必由之路，是助力新时代我国水利现代化高质量发展的重要工具。

本书适合智慧水利建设、数字化转型等领域的工作者阅读，亦可供智慧水利、水保、水情、水电、航运、水生态及水环境等领域的教学、科研、设计与工程管理人员参考使用。

图书在版编目（CIP）数据

智慧水利数字孪生技术应用 / 娄保东等著. -- 2版.
北京：中国水利水电出版社，2025. 1. --（智慧水利关键技术及应用丛书）. -- ISBN 978-7-5226-3056-4

Ⅰ. TV-39

中国国家版本馆CIP数据核字第20253HN410号

书　名	"十四五"时期国家重点出版物出版专项规划项目 智慧水利关键技术及应用丛书 **智慧水利数字孪生技术应用（第 2 版）** ZHIHUI SHUILI SHUZI LUANSHENG JISHU YINGYONG	
作　者	娄保东　李政宏　刘丰年　尹业飞　著	
出版发行	中国水利水电出版社 （北京市海淀区玉渊潭南路 1 号 D 座　100038） 网址：www. waterpub. com. cn E - mail：sales@mwr. gov. cn 电话：（010）68545888（营销中心）	
经　售	北京科水图书销售有限公司 电话：（010）68545874、63202643 全国各地新华书店和相关出版物销售网点	
排　版	中国水利水电出版社微机排版中心	
印　刷	天津嘉恒印务有限公司	
规　格	184mm×260mm　16 开本　10.5 印张　256 千字	
版　次	2021 年 9 月第 1 版第 1 次印刷 2025 年 1 月第 2 版　2025 年 1 月第 1 次印刷	
印　数	0001—2000 册	
定　价	**56.00 元**	

第 2 版 前 言

随着物联网、大数据、第五代移动通信（5G）、人工智能等数字技术的广泛应用，多种数字孪生集成技术应时而生。数字孪生是指充分利用物理模型、传感器数据、智慧算法及应用场景等，集成多学科、多物理量、多尺度、多概率的仿真过程，在虚拟空间中完成对实体的克隆与映射，从而数字化描述该实体全生命周期过程。

2008 年，IBM 公司提出了智慧地球的理念，触发了各国对智慧城市的探索。截至 2018 年，我国国家发展改革委、科技部、工业和信息化部等多个部委建设的数字孪生城市已经超过 500 个。2016 年，《国务院关于深入推进新型城镇化建设的若干意见》提出，要加快建设智慧城市。2019 年，中国信息通信研究院发布《数字孪生城市研究报告（2019 年）》，细化数字孪生城市建设方案，推进数字孪生城市的落地实施。2021 年，《中华人民共和国国民经济和社会发展第十四个五年规划和 2035 年远景目标纲要》明确提出构建智慧水利体系，以流域为单元提升水情测报和智能调度能力。

2021 年 3 月，水利部党组书记、部长李国英在《人民日报》发表署名文章，明确指出智慧水利建设的总要求、目标与目的、原则与路径、内容与结构、功能与实现等宏观思路，坚持科技引领和数字赋能，建立物理水利及其影响区域的数字化映射，并对流域防汛体系、水资源管理与调配系统等"2+N"的业务应用实现"四预"；要求充分运用数字映射、数字孪生、仿真模拟等信息技术，建立覆盖全域的水资源管理与调配系统，推进水资源管理数字化、智能化、精细化。在水利部召开的"三对标、一规划"专项行动总结大会上，李国英提出推动新阶段水利高质量发展要重点抓好的六条实施路径，强调推进智慧水利建设，按照"需求牵引、应用至上、数字赋能、提升能力"要求，以数字化、网络化、智能化为主线，构建数字孪生流域，开展智慧化模拟，支撑精准化决策，全面推进算据、算法、算力建设，加快构建具有预报、预警、预演、预案功能的智慧水利体系。2022 年 8 月，李国英部长批示，根据新阶段水利高质量发展的实际需要，数字孪生水利的顶层设计或框架体系应包括三部分，即数字孪生流域、数字孪生水网、数字孪生工程。因此，在已考虑数字孪生流域、数字孪生工程顶层设计的基础上，尚应继续研究数字孪生水网建设问题。2023 年 1 月，在全国水利工作会议上，李国英部长要求大力推进数字孪生水利建设，支撑保障"四预"工作，提出数字孪生水利是水利高质量发展的重要标志，要按照"需求牵引、应用至上、数字赋能、提升能力"要求，统筹建设数字孪生流域、数字孪生水网、数字孪生工程，构建具有"四预"功能的数字孪生水利体系。

本书共分 5 章。第 1 章绪论主要介绍数字孪生和智慧水利的发展历史及应用现状。第 2 章介绍了水利数字孪生系统的平台架构和整体布局，并介绍了多个水利模型算法。第 3 章主要介绍数字孪生系统建立的具体步骤，其中包括数字模型（水利模型、水务模型、城市模型、动态模型）的建立、传感器的工作方式、流速的测量方法以及终端展示的方式。第 4 章以河海大学江宁校区为例介绍了数字孪生在水务管理中的具体应用方式。第 5 章介绍了多个水利综合应用案例，其中，基于河海大学工程技术研究中心的水利综合大模型、展示了长江经济带的水利系统，为国家水网、河湖岸一体化智慧水利建设提供了关键资源；包括数字孪生水文站、水库、智慧园区、水利工程智慧工地、拦路港系统等在内的数字孪生技术应用，以及智慧水利平台和建模系统，为水利领域的智能化提供全面支持。第 5 章在每一小节配套了相应案例的展示视频或文档，扫描二维码即可查看。此外，每章的部分彩图及更新的内容可以扫描章名页的二维码查看。

编写本书的出发点是让读者在了解相关背景知识的基础上，全面掌握数字孪生水利的理论知识，熟练贯通数字孪生水利的系统组成，直观、系统掌握智慧水利数字孪生的建立过程，从而推动数字孪生水利的理论发展与应用建设。

在本书编写过程中，河海大学、上海市水利科技集团信息技术有限公司、上海冠龙阀门节能设备股份有限公司、山东省水文中心、泰安市水文中心、烟台市水文中心、唐山海森电子股份有限公司、无限数创信息技术（重庆）有限公司、河海大学国家工程中心数字孪生所、河海大学智能感知技术创新研究院和南京管科智能科技有限公司给予了技术资料的大力帮助，崔利刚、潘小双、王晓勇、张燕、张青、田小贤、曲增财、沙文（Selamu Wolde Sebicho）等积极查阅、收集资料和编写建模程序，河海大学大禹学院的学生贡献了水利模型，在此表示衷心感谢。

限于作者水平，书中可能存在疏漏之处，恳请读者批评指正。

娄保东

2024 年 8 月

目　　录

第1章

绪　论

1.1 数字孪生的背景及应用现状

1.1.1 数字孪生的概念和发展历程

数字孪生的概念起源于美国国家航空航天局（NASA）"阿波罗"计划，即在地球上用一个相同的航天器模拟太空中航天器的状态。2003 年，美国密歇根大学 Michael Grieves 教授在产品生命周期管理（PLM）课程上首次提出"与物理产品等价的虚拟数字化表达"的概念，随后这一概念又被他称为"镜像空间模型"和"信息镜像模型"[1-3]。直到 2011 年，美国空军研究实验室（AFRL）和 NASA 首次运用数字孪生这一概念，定义面向飞行器的仿真模型与该模型对应的实体功能、实时状态和演变趋势，从而实现对飞机管理和维护的分析和优化[4]。2012 年，Edward Glaessgen et al. 认为数字孪生是一个综合多物理、多尺度、多概率模拟的复杂系统，通过最佳的物理模型、传感器和历史数据将飞行器数字镜像成孪生生命体[5]。同年，NASA 发布了数字孪生的"建模、仿真、信息技术和处理"路线图，使数字孪生进入公众视野。2014 年，数字孪生理论与技术体系被引入工业制造领域，并被美国国防部、NASA、西门子等公司接受并推广。2017 年，庄存波等[6] 提出了"产品数字孪生体"的概念，即在信息空间对物理实体的工作状态和进展进行全要素重建和数字化映射，可用来模拟、监控、诊断、预测、控制产品物理实体在现实环境中的生产过程、状态和行为。2018 年，Tao et al. [7] 认为数字孪生是产品全生命周期的一个组成部分，利用产品全生命周期中的物理、虚拟和交互数据可对产品进行实时映射。自 2017 年，美国 Gartner 公司连续三年将数字孪生列为当年十大战略科技发展趋势之一。Gartner 公司认为数字孪生体是物理世界实体或系统的数字代表，在物联网背景下连接物理世界实体，提供相应实体状态信息，对变化做出响应，改进操作，增加价值。世间万物都将拥有其数字孪生体，并且通过物联网彼此关联，创造出巨大的价值。

1.1.2 数字孪生的应用现状

数字孪生的应用探索首先出现在航空领域，主要应用在飞行器的研发、制造装配和运行维护中[8-10]。AFRL 从 2009 年起开始筹划并投资飞机机体数字孪生（ADT）项目，并通过最新的概率分析方法预测机体疲劳损伤扩展和做出维护决策，从而实现更可靠的结构完整性评估。演示试验从 2017 年开始，目前仍在进行中。预计到 2035 年，能实现当航空公司接收一架飞机的时候，将同时接收飞机的每一个部件、每一个结构，并且飞机的数字孪生体伴随着真实飞机的每一次飞行而老化。如果飞机有任何问题，都可以在数字孪生系统中被预先感知到，因此数字孪生使得航天器朝着智能化方向发展[11]。

除了航空领域，数字孪生已被广泛应用于智能制造领域[12-14]。2017 年，在世界智能制造大会上数字孪生被确定为世界智能制造十大科学技术进展之一。在制造业运用数字孪生是由于系统的复杂性，同时也考虑到外部因素的作用、人的相互作用以及设计的限制。刘义等[15] 针对目前智能车间存在的管理效率低、精准决策难等问题，设计了基于数字孪生智能车间的体系架构，开展了智能车间管控平台应用建设，解决了数据多端多维度展示、三维场景联动和实时在线异常报警等问题。Zhu et al.[16] 提出将数字孪生技术应用到 CNC 数控铣床的加工中，结合 AR 技术使整个加工过程可视化，在虚拟环境中实时监控实体环境的加工情况，在虚实世界交互过程中实时产生数字孪生数据，进一步提高远程监控加工的可靠性。针对具体装配线上的产品，王少平等[17] 基于 3D 设计软件构建产线的数字化孪生模型，然后对模型进行结构优化和设计参数的修正，通过三域协同循环迭代优化，降低产线设计成本，提高设计效率。产品的数字孪生应用覆盖产品的研发、工艺规划、制造、测试、运维等各个生命周期，应用前景十分广阔。

此外，数字孪生在船舶航运[18-19]、能源[20]、智慧城市[21-23] 等其他领域的相关研究在近年呈现快速增长趋势。

为了挖掘水路运输潜力，需要引入新人工智能方法，从顶层和数据融合角度进行体系优化。黄永军等[24] 提出了一种基于数字孪生工具的解决方案，以某港口配套船舶的需求为出发点，建立了港口、航道的三维立体平行仿真环境。数字孪生系统将大量数据融合和统一，满足了港口感知系统、岸基基础系统、岸基智能服务系统、船载系统（App 服务）、网络系统（港口热点）、面向未来的自动系泊系统等的智能需求。白雪梅[25] 在数字孪生应用平台中，对装备模型进行仿真装配和建造，提升装配建造效率，确保装配准确无误；此外，还对海洋环境、船舶结构进行仿真模拟，进行功能及性能仿真试验测试，为船体的设计优化提供可靠依据，大幅提高试验效率，节约成本。

国家能源局提出智慧能源战略，建设互联互通、透明开放、互惠共享的能源共享平台，以期解决能源行业普遍存在的壁垒问题。数字孪生技术在物理世界和数字世界之间建立了精准的联系，有助于解决智慧能源发展所面临的技术难题，支持从多角度对能源互联网络进行精确仿真和控制[26]。清华大学研究团队借助数字孪生 CloudIEPS 平台，建立了包含电负荷、冷负荷、热负荷、燃气发电机、吸收式制冷机、燃气锅炉、光伏、蓄电池、蓄冰空调系统等在内的数字孪生综合能源系统模型，利用该模型对系统内各装置的容量进行优化来降低系统运行成本。数字孪生综合能源系统通过工业互联网实现能源系统各环节设备要素的联接，实现综合能源系统的"共智"[27]。

数字孪生城市，即在建筑信息模型（BIM）和城市三维地理信息系统（GIS）的基础上，利用物联网技术把物理城市的人、物、事件和水、电、气等所有要素数字化，在网络空间再造一个与之完全对应的"虚拟城市"，实现物理城市世界和数字城市世界的互联、互通、互操作。其核心是在数字空间构建与物理城市高度一致的城市孪生体，并在孪生体内以数据资源代替物理资源，实现城市各类应用[28]。数字孪生城市理念自提出以来，在国内政产学研用各界引起广泛关注，掀起研究和建设热潮。其中，雄安新区率先推进数字孪生城市建设，在管理平台建设中，采取 GIS 和 BIM 融合的数字技术记录新区成长的每一个瞬间，结合 5G、物联网、人工智能等新型基础设施的建设，逐步建成一个与实体城市完全镜像的虚拟世界，从而实现对当前状态的评估、对过去发生问题的诊断以及对未来趋势的预测，为业务决策提供全面、精准的决策依据[29]。

数字孪生不仅使生产模式改变，也使服务模式产生了相应变化。在航空领域，数字孪生使飞行器参数透明化，降低了人力成本，加强了对飞行器的维护；在制造领域，数字孪生使产品生产线、工艺研发周期大幅缩短，制造成本大幅降低；在船舶航运领域，数字孪生改变了水路运输模式，使船舶系统更加便捷智能；在能源领域，数字孪生降低了系统运行成本，实现了能源系统共享；在城市建设领域，数字孪生使城市管理和运营更高效，还能对未来精准预测。除此之外，数字孪生在建筑领域降低了建造成本、缩短了建筑工期；在医疗领域优化了医疗资源管理，并辅助手术规划与模拟；在电力行业实现了三维可视化管理等。可见，数字孪生在推动智能化方面拥有巨大的应用前景，将成为未来世界发展的重要趋势。

1.2　智慧水利的背景及应用现状

1.2.1　智慧水利的概念和由来

随着我国经济建设的快速发展，城市建设的步伐进一步加快，水资源作为城市建设的基础资源正面临着短缺和污染等严重问题，迫使我国对水资源的管理进一步提升。良好的城市水利管理可以有效促进城市的进步与发展[30]，其中水利设施包含部分水务设施。当前我国在水利的管理上存在如下问题：

（1）水利基础信息监测系统缺失。没有使用相关的仪器对水利工程或地下水运行状态进行实时查看，无法实现对信息的准确统计，因此缺乏可以分析和预测的基础数据。

（2）智能化水平不高。水利设备检测依靠人工取样完成，检测效率低，且检测频率不够，造成水质问题判断不及时，处理问题滞后。

（3）资源共享率低。管理系统的数据无法实现互通，不能进行大数据整理与分析，造成数据利用率和解决实际问题的效率低下[31]。

针对以上水利管理中的问题，并基于物联网、云计算、大数据等新一代信息通信技术的发展，智慧水利应运而生。智慧水利是水利信息化发展的新阶段，也是水利现代化的具体体现，主要指通过水利规划、工程建设、运行管理和社会服务的智慧化，提升水资源的利用效率和水旱灾害的防御能力，改善水环境和水生态，保障国家水安全和经济社会的可持续发展[32-35]。

1.2.2　智慧水利的应用现状

水利部在 2019 年全国水利工作会议上提出，"水利工程补短板、水利行业强监管"是今后工作的总基调。如何更好地发展智慧水利，正成为水利现代化、快速提升水资源效能的强力抓手和必然选择。因此，许多水利单位和研究人员致力于运用现代科学技术发展智慧水利。

刘强[31] 基于云物联网下的智慧水务监控系统的应用，通过智能化的管理有效地提升了水质监测与管理的技术水平，通过管理云数据与应用大数据分析技术，实现了对海量数据及时、高效的分析、处理与存储，并通过数据平台的搭建，辅助水质管理中的分析与决策建议，实现了水务管理安全预警，对及时发现与处理水质异常情况起到了促进作用。

为了实现智慧水务，马珂[36] 通过智能感知技术获得实时数据，并通过云计算技术汇集不同的计算资源，根据需要进行分配，提供高效灵活的 IT 基础设施和高水平的可用 IT

服务，还通过大数据分析技术提取大量有序或无序的数据，利用信息安全技术确保数据加密和信息安全。

在数据感知和应用共享的基础上，孙世友等[37]引入了城市大脑的分析方法与理论体系，通过智能数据源感知和大数据管理，实现了以智慧大脑科学决策为目标的水利现代化理论方法，形成了包括"大感知、大地图、大模型、大数据、大应用"的水利现代化技术架构。其研究成果为智慧水利的现代化体系研究和应用实践提供了参考和借鉴。

对智慧水利的已有分析和研究在很大程度上解决了水利基础信息监测系统缺失、智能化水平不高和资源共享率低的问题，水利管理已从数字化走向可视化，并朝着智能化管理趋势发展。

1.3　数字孪生与智慧水利

1.3.1　数字孪生在水利工程中的应用前景概述

基于数字孪生概念，可通过物联网实现对工程项目地质勘察现场物理空间的感知与数据传输，通过三维实景技术与地质三维模型实现虚拟空间对真实物理空间的仿真模拟，通过物联网、大数据、云计算等实现虚拟空间与物理空间的动态交互，从而对水利工程运行过程进行实时的监测、诊断、分析、决策和预测，进而实现水利工程的智能运行、精准管控和可靠运维，将智慧水利推向更加便捷智能的发展道路。

1.3.2　数字孪生在水利工程中的应用现状

目前，数字孪生在水利工程中的相关理论和应用研究还处于初步探索阶段。

杜壮壮等[38]针对河道工程管理方法的落后性和决策结果的滞后性，建立了基于数字孪生的河道工程可视化智能管理方法。通过源数据感知、存储、后处理和智能决策，建立了真实河道工程与虚拟物理空间的映射关系，将传统"事情发生—解决问题"的思路转变为"预测事情发生—提供解决问题方案"，增强了河道工程安全、绿色维护管理的科学性和前瞻性，从而实现河道工程管理数字化、可视化、智能化。

王国岗等[39]基于数字孪生技术，融合 BIM、GIS、GPS、倾斜摄影等技术手段，并结合大数据、云平台、物联网、移动互联等新一代信息技术，构架了数字孪生水利水电工程地质勘察应用体系，为工程建设各个阶段提供全方位的真实地质三维实景环境，提高了地质生产数字化、信息化、智能化水平。

蒋亚东等[40]基于数字孪生建立虚拟模型，对设计方案进行可视化呈现，解决了水利工程运行管理中多专业协同工作的问题；针对施工过程中的关键位置和复杂部位，结合施工现场的环境和条件，提供可视化的模拟，使相关工作人员能够清楚地了解整个施工过程，并且能够结合施工过程中所出现的问题对设计方案进行不断的优化，以此提高工作效率。

现有研究中所提出的基于数字孪生技术的水利解决方案主要侧重于理念的提出，搭建了数字孪生体系的架构，但该应用方案的具体实施细节还有待完善，这也是本书研究的重点。本书通过介绍数字孪生在智慧水利上的具体应用案例，给出具体的物理和数字模拟过程、终端柔性智慧水尺的设置规范及安装调试，并对应用情况进行综合评价，以期为数字孪生在水利特别是水治理上的应用提供坚实的理论基础和实际参考价值。

第 2 章

水利数字孪生系统

本章彩图及内容更新

2.1 面向水利的数字孪生平台概述

数字孪生技术是指充分利用物理模型、传感器数据、智慧算法及应用场景等，集成多学科、多物理量、多尺度、多概率的仿真过程，在虚拟空间中完成对实体的克隆与映射，从而数字化描述该实体全生命周期过程。面向水利，构建数字孪生流域、数字孪生水网、数字孪生工程，开展智慧化模拟，支撑精准化决策，全面推进算据、算法、算力建设，加快构建具有预报、预警、预演、预案功能的智慧水利体系。

面向水利的数字孪生平台旨在迅速为智慧水利平台赋能，通过特定要素场景的快速构建，帮助生态伙伴以高效、低成本、低门槛的方式建立数字孪生水利控制管理平台。该平台具有诸多优点，包括模型导入快速、算法嵌入迅速、感知数据接入高效等，使其具备开发韧性、操作简便和所见即所得等特点，从而为用户节省时间和成本。

2.2 平 台 架 构

数字孪生监测系统的建立按照五维模型可分为五个方面：

（1）物理实体。物理实体是物理世界中客观存在的事物，例如在构建数字孪生城市时城市中的路灯、消防栓、摄像头、高楼大厦等。通常会布置各种传感器，实时监测物理实体的环境数据和运行状态，量化环境数据与状态参数，为孪生模型的动态仿真提供数据基础。

（2）孪生模型。根据物理实体进行数字化三维建模可得到孪生模型，它是对物理实体的虚拟映射。孪生模型的建立遵循几何、物理、行为和规则的原则。几何原则是指孪生模型与物理实体的形状轮廓、尺寸大小以及布置方式一致；物理原则是指孪生模型的自身属性，例如孪生模型的材料参数、应力应变等与物理实体一致；行为原则是指孪生模型对数字驱动的响应和反馈与物理实体一致；规则原则是指孪生模型具有和物理实体一致的运行规律，能够真切反映物理实体的运行状态。通过这四个建模原则，孪生模型才可能具备真实展示、评估优化、预测评测等功能。

（3）连接。动态实时交互连接将物理实体、孪生模型和服务系统通过孪生数据进行两两有机结合，使得信息和数据在各部分之间进行迭代交互优化，实现数据驱动的数字孪生平台展现。

（4）孪生数据。孪生数据是数字孪生技术的核心要素。孪生数据的产生源于物理实体、孪生模型和服务系统等，多元融合后又反馈到物理实体、孪生模型和服务系统之中，实现物理实体、孪生模型和服务系统之间的交互共融。孪生数据是数字孪生技术的动力源泉。

（5）服务系统。服务系统基于物理实体的智能感知技术和孪生模型的数据处理和优化，为用户提供实时监测、在线评估和智能控制等服务内容，为物理实体的全生命周期管理提供宏观数据和智能决策。

基于数字孪生技术五维模型，陶飞等[41]提出了数字孪生技术在十类应用中的初步概念，其中基于数字孪生技术的检测与本书搭建的平台最为契合。检测是指针对某些状态参量进行实时或者非实时的定量或者定性测量。数字孪生驱动的检测是指在物理实体中借助智能感知、实时传输技术，对物理实体进行定量或者定性检测，在虚拟空间中搭建和物理实体高度保真的孪生模型，通过实时或者历史孪生数据驱动孪生模型，从而在孪生模型中直观、全面地反映物理实体的全生命周期状态，为物理实体提供与之相匹配的服务系统。根据数字孪生技术五维模型，总结出数字孪生平台搭建的总体架构，如图 2.2.1 所示。

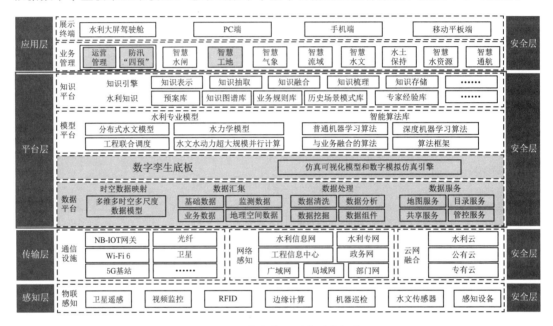

图 2.2.1　数字孪生平台总体架构

2.3　整体布局

基于移动互联网、智能感知、大数据、云计算、人工智能和可视化技术，融合水循环专业模型算法，围绕全流域"水安全、水环境、水生态"，打造"横向到边、纵向到底"及"系统治理、全局掌控"的智慧治水解决方案。整体布局如图 2.3.1 所示。

（1）智能感知。智能感知传感器包括智慧水情监测终端（终端柔性智慧水尺）、智慧雨量计、智慧水球。智慧水情监测终端（终端柔性智慧水尺）对城市排水管道、历史积水点、河流等易涝区域的水位在线监测；智慧雨量计对城市低洼地、河流、湖泊等关键点的雨量在线监测；智慧水球对城市内外河流、湖泊、污水管道排口等区域的水质在线监测。

图 2.3.1　整体布局

（2）大数据。实时采集、清洗、分析、治理、挖掘涉水的空、天、地数据，结合涉水工程的规划、设计、建设、运维数据，自动追踪水轨迹。数据处理流程如图2.3.2所示。

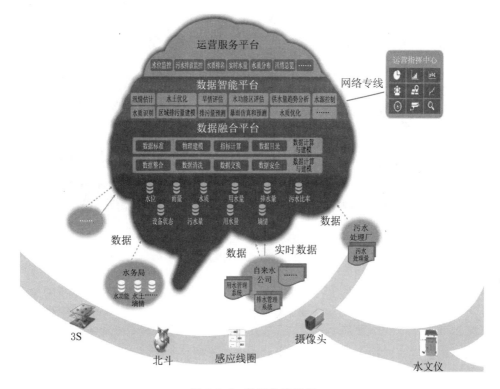

图 2.3.2　数据处理流程

（3）云计算。构建水循环算法模型，提供水量-水质-水生态的预测预报预警，算法界面如图 2.3.3 所示。

图 2.3.3　算法界面

13

（4）可视化。基于电子地图可视化展示任意管线或管点，可查看其详细的属性信息。展示平台如图 2.3.4 所示。

图 2.3.4　展示平台

2.4　模　型　算　法

水情预报是根据现有信息对未来一定时间段的水情状态进行定性或定量的预测。它广义地包括了影响预报水情状态的所有信息，以水情、气象要素和流域底层信息为例，有降水量、蒸发量、流量、水位、冰情、气温和含沙量等观测信息，以及流域的植被、地貌等特征信息。被预测的水情状态可能是任何一个水情要素或者水情特征量，对不同的状态的预测可能需要不同的先行信息、预测方法和预测期。预测的水情要素最常见的有流量、水位、泥沙、冰情和旱情等。水情预报方法基于水情基本规律和水情模型研究，并且结合具体的生产需求来制订具体的预报方法或预报方案。一般来说，水情预报研究的关键和焦点有两个部分：第一部分是通用规律研究，即研究构建具有一定普遍性的水情基本规律和流域水情模型的方法；第二部分是特定问题研究，意味着对反映具体问题的特征和方法的研究，从而制订出能够解决各种具体问题并具有较高预测精度的预测方案。

环北部湾广西水资源配置工程建设内容主要包括输水干线、分干线和支线，输水建筑物有泵站、隧洞、管道、箱涵、明渠、倒虹吸、渡槽等，涉及的模型如下。

2.4.1　中长期来水预报模型

2.4.1.1　模型建设

对郁江流域水文站实测流量进行分析，采用基于多元线性回归、BP 神经网络、支持向量机、灰色预测模型、时变线性汇流模型、新安江模型等多种模型组合预报方法，对郁江流域进行中长期径流预报，并利用马尔科夫模型对预报误差进行修正。通过层次分析法综合评价，确定预报的最优方案。模型构建流程见图 2.4.1。

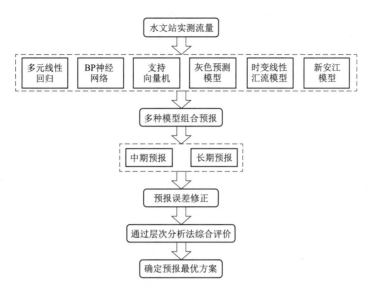

图 2.4.1 中长期来水预报模型构建流程图

2.4.1.2 用途介绍

选用郁江流域南宁、贵港等水文站构建断面区间,对区间实测径流过程进行分析,确定影响水文站断面流量过程的影响因子,采用多元线性回归、BP神经网络、支持向量机、灰色预测模型、时变线性汇流模型、新安江模型等多种模型组合预报方法,分别构建水文站及水库断面的来水预报模型,并将不同模型预报结果与断面实测过程进行对比,选取适合本流域的一种或多种来水预报模型进行规划水平年中长期来水预报。

2.4.2 水资源需水分析模型

2.4.2.1 模型建设

1. 各行业现状需水量分析

(1)生活需水量:基于现状城镇人口和综合生活用水水平,分析不同水平年城镇生活用水指标。

(2)工业需水量:基于现状年份的工业增加值和工业用水水平,分析不同水平年工业用水重复利用率、万元工业增加值综合用水定额。

(3)农业需水量:对农业灌溉水利用系数、农业种植结构、发展高效节水灌溉面积进行分析。

(4)生态需水量:对生态基流、非汛期河道渗漏量与蒸发量、重点断面鱼类产卵期生态流量过程、河道输沙需水、湿地与景观生态需水量和环境流量进行分析。

(5)航运需水量:综合考虑通航流量、水位、流速、局部水面比降等多方面因素进行分析。

2. 需水预测

采用分项定额预测法、回归分析预测法、灰色预测法、神经网络算法等组合预测模型方法进行需水量预测。

通过设置的多种组合发展情景,对南宁、北海、钦州、玉林等重点城市规划水平年的总需水量变化过程进行预测。

模型构建流程见图2.4.2。

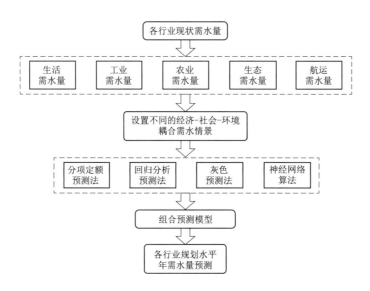

图2.4.2　水资源需水分析模型构建流程图

2.4.2.2　用途介绍

对南宁、北海、钦州、玉林等重点城市分区域现状需水量进行分析,设置不同的经济-社会-环境耦合需水情景,采用分项定额预测法、回归分析预测法、灰色预测法、神经网络算法以及组合预测模型分别对区域规划水平年生活、工业、农业、生态等行业需水量进行预测,从而推求区域规划水平年需水总量。

2.4.3　水资源供需平衡模型

2.4.3.1　模型建设

结合水文、社会、经济、生态系统四者之间的交互关系,构建水资源供需平衡的系统动力学模型。

根据水资源供需系统因果关系反馈环,构建重点城市水资源供需平衡系统流程图。水资源供需平衡系统主要包括需水端和供水端。需水端采用水资源需水分析模型来进行各行业需水量预测;供水端除考虑传统方法中地表水可供水量、地下水可供水量和其他水(主要为雨水)可供水量,也结合重点城市高效利用再生水以解决资源型缺水的战略规划,将再生水作为重要水源纳入供水端。模型建立后对其进行检验,包括一致性检验、有效性检验等。

通过设置多种组合发展情景,对南宁、北海、钦州、玉林等重点城市规划水平年的总需水量和总缺水量变化过程及供需平衡进行预测分析。模型构建流程见图2.4.3。

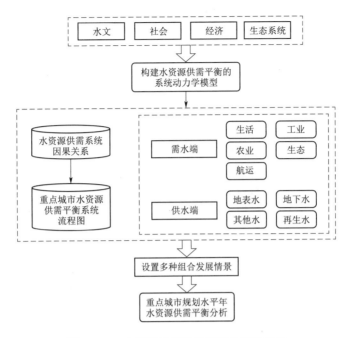

图 2.4.3　水资源供需平衡模型构建流程图

2.4.3.2　用途介绍

对现状水资源供需平衡和可供水量进行分析：按照不同供水线路、多情景组合的方式，考虑受水区水资源开发利用情况、供水工程的输水能力以及各分区不同时段的调度规则，在基准年供水工程规模的基础上，考虑规划水平年可开发的供水能力，可根据规划水平年可供水量分析结果和需水预测结果，对南宁、北海、钦州、玉林等重点城市开展分区域水资源供需平衡分析。

2.4.4　水资源调度配置模型

2.4.4.1　模型建设

（1）平衡方程：包括计算单元、水库、节点等的水量平衡方程。

（2）目标确定：例如以经济效益、社会效益、生态效益最大为目标，有净效益最大、损失水量最小和供水水源优先序等几类目标函数，可以用统一的数学结构来表达。

（3）约束条件：包括水量平衡约束、湖泊水库调蓄能力约束、控制闸站最大过流能力约束、泵站工作能力约束、水源可供水量约束、用水户需水量约束、受水区纳污能力约束、决策变量非负约束等。

（4）优化算法求解：得到调度规则下最优的工程调水方案。

模型构建流程见图 2.4.4。

2.4.4.2　用途介绍

（1）基于来水和需水周期性规律及其不确定性，采用多水源、多工程、多传输系统的描述方法，按照流域分区嵌套行政区划的方式划分计算单元。根据不同工程的组合方案、不同规划水平年的需水预测结果、污水处理与回用能力以及节水水平等，设置不同的运行方案。

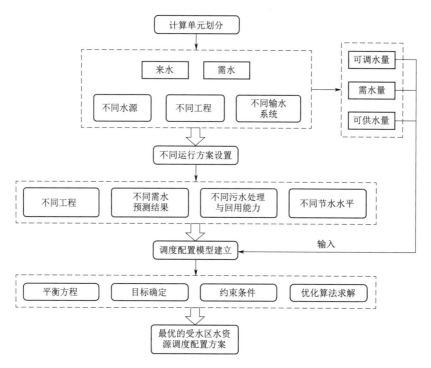

图 2.4.4　水资源调度配置模型构建流程图

（2）将工程可调水量与受水区需水量、本地水可供水量作为输入条件求解水资源调度配置模型。

（3）最终在遵循公平性、高效性和可持续性原则，满足各类约束的前提下，得到经济效益、社会效益和生态效益最优的受水区水资源调度配置方案。

2.4.5　水资源调度控制模型

2.4.5.1　模型建设

水资源调度控制模型建立流程如下：

（1）计算单元划分：按照原水、泵站、阀门、管道、水处理厂的结构抽象成若干个单元。

（2）目标确定：例如以供水能力最大、泄流总时间最短、运营成本最小为目标。

（3）约束条件：每个单元都有相应的约束条件，如管道压力约束、水位-库容约束、泄流时间约束、河道安全流量约束、非负性约束等。

（4）优化算法求解。

模型构建流程见图 2.4.5。

2.4.5.2　用途介绍

从环北部湾广西水资源配置工程对调度、运行的基本需求入手，将整个引水工程作为一个整体进行控制，对整个工程所有泵站、闸门、管道、阀门的过流能力进行分析，将泵站、水处理厂、水库、输水线路各闸门和阀门等纳入统一的调度控制模型进行统一调度管理。

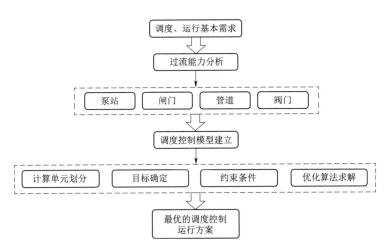

图 2.4.5 水资源调度控制模型构建流程图

2.4.6 水资源调配评价模型

2.4.6.1 模型建设

（1）评价指标体系建立。遵循的准则包括用户配水定额（居民生活用水定额、农作物灌溉定额、林草灌溉定额）、供水保障程度（供水保证率、最大缺水深度、缺水最长持续时间）、用户规模及产出效益（水电站多年平均年发电量、水电站保证出力、灌区面积和工业增长速度）、水资源利用程度及效率（地下水多年平均开采程度、灌溉水有效利用系数和万元工业增加值用水量）、生态健康水平（地下水不利浅埋深最长持续时间、地下水不利深埋深最长持续时间、关键断面多年平均下泄水量和关键断面缺水最长持续时间）。

（2）评价指标权重计算。利用 AHP 法和熵权法分别确定指标主观权重和客观权重，通过主客观综合赋权法将主观权重和客观权重统一形成综合权重。

（3）对指标归一化处理，采用 AHP 法、TOPSIS 法、灰靶理论和投影寻踪法等多种方法联合评价。

模型构建流程见图 2.4.6。

2.4.6.2 用途介绍

（1）依据各区域内用户配水定额、供水保障程度、用户规模及产出效益、水资源利用程度及效率、生态健康水平等准则，建立水资源调配评价模型。

（2）采用评价模型分情景进行分区水资源

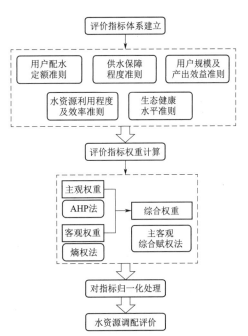

图 2.4.6 水资源调配评价模型
构建流程图

调配评价，选择调配成效最优的方案。

2.4.7 污染物输移扩散模型

2.4.7.1 模型建设

在分析现存问题的基础上，将 SWMM 模型和 MIKE 11 水动力-水质模型进行耦合，基于水文水质同步观测资料对耦合模型进行率定验证，利用构建的耦合模型，结合实测资料，对调配水工程典型年水质现状进行模拟，抓住污染源输移扩散的趋势，以便开展污染防治。模型构建流程见图 2.4.7。

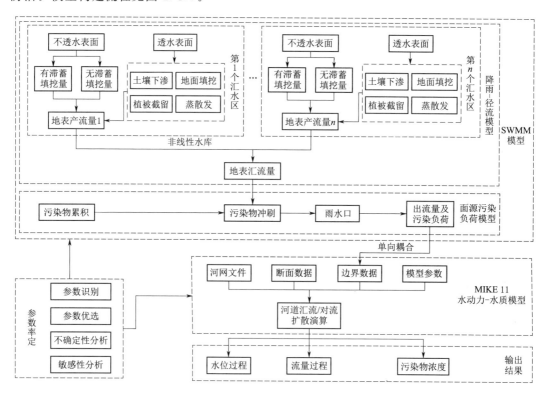

图 2.4.7　污染物输移扩散模型构建流程图

2.4.7.2 用途介绍

对调配水工程郁江那凤干线、玉北干线、宾阳干线等的水质状况进行分析，掌握水质现状、超标污染物及其超标原因，将 SWMM 模型和 MIKE 11 水动力-水质模型进行耦合，建立污染物输移扩散模型，了解河道内污染物输移规律，根据规划水平年的污水处理规模、排污企业排污情况，分析规划水平年调配水工程内部水质情况及污染物运移规律。

2.4.8 渠系水力学模型

2.4.8.1 模型建设

建设渠系水力学模型主要采用 MIKE 11 模拟软件，具体的模型建设过程如下：

（1）在了解原水现状，渠系现状，闸门、泵站等水工建筑物情况的基础上收集相关资料，建立渠系的拓扑结构并进行排错。

（2）边界条件设置。边界条件包括各受水区需水量、需水过程、渠系供水能力。

（3）参数率定。分析模型计算模拟值和现场实测值之间误差产生的原因，进而对模型参数进行反复修正，从而达到精度要求。

（4）不同工况下渠系水力学过程模拟。

模型构建流程见图 2.4.8。

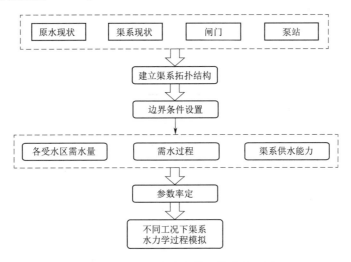

图 2.4.8　渠系水力学模型构建流程图

2.4.8.2　用途介绍

建立 MIKE 11 模型，求解郁江那凤干线、玉北干线、宾阳干线等输水干线、分干线和支线的流量、水深、流速等参数，分析河道水动力指标，结合环北部湾工程实际，选择合理运行方式，提高各干线的输水、节水效率。

2.4.9　管网水力学模型

2.4.9.1　模型建设

（1）在了解原水现状、管网现状、水厂和泵站情况的基础上收集相关资料，建立管网的拓扑结构并进行排错。

（2）边界条件设置。边界条件包括各受水区需水量、需水过程、管网供水能力。

（3）参数率定。分析模型计算模拟值和现场实测值之间误差产生的原因，进而对模型参数进行反复修正，从而达到精度要求。

（4）不同工况下管网水力学过程模拟。

模型构建流程见图 2.4.9。

2.4.9.2　用途介绍

利用 MIKE URBAN 软件进行管网汇水的水力学过程模拟，建立管网水力学模型，对管网水力学过程进行模拟。通过对不同工程、不同运行方式、不同输水线路组成的水网格局下的管网水力学过程进行模拟分析，得到最优管网调配运行方案。

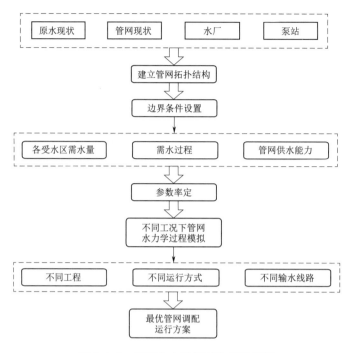

图 2.4.9　管网水力学模型构建流程图

2.4.10　工程安全监测模拟模型

2.4.10.1　模型建设

（1）对闸门、泵站、管道、隧洞等各类工程进行三维模型建立和网格划分，导入 ANSYS Workbench 软件进行非定常流固耦合计算。

（2）对不同工况下闸门、泵站、管道、隧洞等各类工程的压力脉动、振动特性、应力应变、疲劳特性进行分析，并通过名义应力法，对裂纹的产生和发展进行研究。

（3）对实际工程进行现场测试或者模型尺度试验，验证计算的准确性。

（4）对闸门、泵站、管道、隧洞等各类工程进行安全性综合评估，建立工程安全监测模拟模型。

模型构建流程见图 2.4.10。

2.4.10.2　用途介绍

利用 ANSYS Workbench（CFD 计算）对闸门、泵站、管道、隧洞等各类工程进行非定常流场数值仿真以及流固耦合模拟（System Coupling），得到压力脉动、振动特性、应力应变和疲劳特性。并通过名义应力法对闸门、泵站、管道、隧洞的裂纹趋势和寿命进行评估，建立工程安全监测模拟模型。

2.4.11　工程安全预警及评估模型

2.4.11.1　模型建设

（1）研究大型水利工程结构动力学原理与方法，对不同振动形式的结构和零件的非线

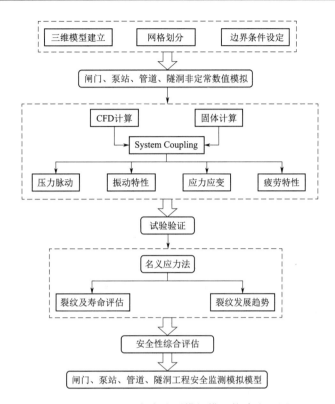

图 2.4.10　工程安全监测模拟模型构建流程图

性振动特性和弯扭耦合振动特性进行系统深入的动力学建模与分析。

（2）对大型水利工程不同运行状态分别进行工况分析、关联分析、波形分析和时频分析。

（3）多角度、多层次地对水利工程的运行状态进行综合评估。

（4）通过历史数据和当前监测数据，进行时间序列预测，对运行状态的趋势进行预警。

模型构建流程见图 2.4.11。

2.4.11.2　用途介绍

利用历史数据及当前监测值，研究工程运行状态趋势预测方法，建立相应的趋势预警模型体系，得到运行过程的未来状态，并依据运行性能状态综合评估指标体系对未来健康状态进行综合评价。

2.4.12　设备故障诊断分析模型

2.4.12.1　模型建设

（1）对设备的结构、电气设备等的运行情况进行监测，并进行故障定位与智能诊断。

（2）引入深度学习与机器学习理论，建立基于深度学习神经网络和最小二乘理论的支持向量机的大型泵站机组故障诊断分析模型及预警与评估系统。

（3）设计包含客户端层（browser）、数据服务层、业务逻辑层和服务器层的 B/S 软件架构。

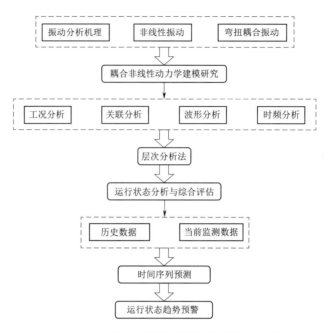

图 2.4.11　工程安全预警及评估模型构建流程图

（4）建立模型库、算法库、知识库和历史运行状态分析大数据库，实现对机电设备、金属结构、电气设备的故障诊断。

模型构建流程见图 2.4.12。

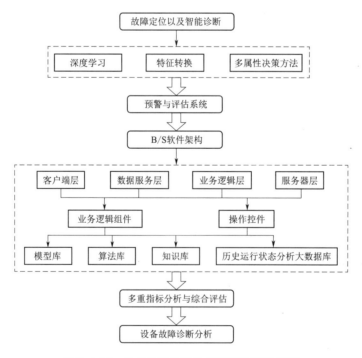

图 2.4.12　设备故障诊断分析模型构建流程图

2.4.12.2 用途介绍

引入深度学习与机器学习理论，建立基于深度学习神经网络和最小二乘理论的支持向量机的大型泵站机组故障诊断分析模型。自动从机电设备、金属结构、电气设备等的监控系统获取数据，并支持数据交互操作，设计包含客户端层、数据服务层、业务逻辑层和服务器层的 B/S 软件架构，开发业务逻辑组件和操作控件，建立模型库、算法库、知识库和历史运行状态分析大数据库，实现对机电设备、金属结构、电气设备历史运行数据的获取与深度关联分析、运行状态多重指标分析与综合评估、振动故障诊断的功能。

2.4.13 漏损分析模型

2.4.13.1 模型建设

结合供水管网运行的水泵、水池、测压点以及管网勘测图等的信息，结合 SCADA 数据系统进行数据的收集、分析、管理，并通过配套软件实现数据可视化，简化并核实管网信息，在分配用水节点的用户水量和漏失水量的同时对管网水力学模型的精度进行校核。将拓扑模型结构、逻辑回归、深度学习、适应度函数等多种模型组合，建立多尺度供水管网动态水力漏损分析模型。模型构建流程见图 2.4.13。

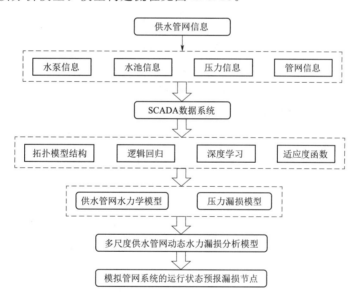

图 2.4.13 多尺度供水管网动态水力漏损分析模型构建流程图

2.4.13.2 用途介绍

该分析模型能够精确模拟管网系统的运行状态，通过优化计算高效定位潜在的漏损节点，并结合贝叶斯网络对水力模型的模拟误差和预报结果进行修正，有效提高漏损预测的准确性和可靠性。通过这一模型，不仅能够动态捕捉管网运行中的异常情况，还可以精准识别可能发生漏损的位置，从而为管网系统的安全运行提供进一步的技术保障。同时，该模型为供水系统的运行优化和风险控制提供了科学依据，显著提高了管网系统的整体稳定性和响应能力。

2.4.14 泵站优化运行模型

2.4.14.1 模型建设

将变频调速技术应用于引调水系统，对整个供水管网进行分析建模，基于多元线性回归、非线性解耦控制、神经网络自适应控制、模糊控制等多种模型组合控制策略，建立最小轴功率多级变频泵优化控制模型，并使用深度学习与遗传算法，结合供水管网压力阻抗系数，对该模型进行优化求解，得到多级变频泵引调水系统的压力优化控制策略，见图 2.4.14。

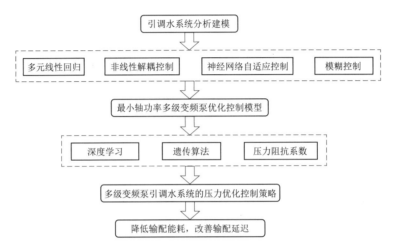

图 2.4.14 分层逐级泵站优化控制策略流程图

2.4.14.2 用途介绍

在复杂水资源系统的管理中，河流、湖泊、人工渠道等构成了一个高度复杂的空间异构系统，其多层次和多级混联关系对系统的优化调度提出了极高的要求。系统动力学模型通过结合供水管网的压力阻抗特性进行优化求解，提升系统运行效率和稳定性。基于此优化过程，可以制定出针对多级变频泵引调水系统的压力优化控制策略。这一策略能够灵活应对系统中可能出现的复杂不确定性和外部扰动因素，如气候变化、用水需求波动等，同时确保工程运行的安全性，使整个流域水资源系统的多目标调控要求得以实现。此外该策略还可降低不同负荷工况下的输配能耗，改善输配延迟等问题。

第 3 章

数字孪生系统的建立

本章彩图及内容更新

3.1 建立模型的常用工具

数字孪生技术是利用物理模型、传感器更新、运行历史等数据的映射、仿真与控制的过程。数字模型的建立通过各种三维软件如 Unity、CityEngine 等来实现。基于这些软件，可以建立自己需要的数字模型。

3.1.1 3ds MAX

3.1.1.1 3ds MAX 软件介绍

3ds MAX 是美国的 Autodesk 公司推出的一款软件，由于其优秀的三维建模能力和友好的操作界面，目前已经成为国内主流的三维建模软件。与其他三维建模软件相比，3ds MAX 对开发者的设备配置要求低。同时，3ds MAX 具有良好的用户使用交互设计，使得开发者能够在短时间内使用 3ds MAX 进行开发工作。

3ds MAX 基于 Polygon 进行建模，按点线面的建模方式能够有效应对复杂的建模工作。在创建复杂模型时，3ds MAX 通过在细节部分任意添加线条，将复杂的模型穿插到结构中完成建模工作。在渲染方面，3ds MAX 能够使三维模型十分逼真，达到以假乱真的程度，且用 3ds MAX 渲染出的模型十分适合制作动画。3ds MAX 中还有强大的插件库，能够解决使用过程中遇到的各种问题。3ds MAX 的操作界面如图 3.1.1 所示。

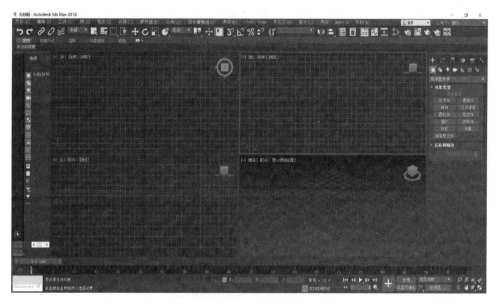

图 3.1.1 3ds MAX 的操作界面

下面以河海大学江宁校区模型为例，介绍 3ds MAX 建模的过程。图 3.1.2 为河海大学江宁校区整体模型。

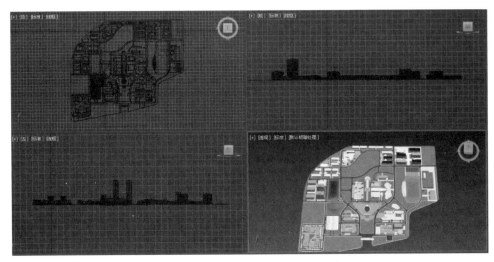

图 3.1.2　河海大学江宁校区整体模型

3.1.1.2　三维建模

（1）建筑模型。先由测得的地理数据直接生成建筑模型的基底轮廓线。再根据测量的数据，对每个建筑物进行逐层白模建模。模型与模型之间不得出现共面、漏面和反面。

（2）其他三维模型。对校园内的道路、湖泊、小山等依次进行白模的制作，并对其进行贴图，使其更加美观，并符合实际。

3.1.1.3　纹理贴图及渲染

对建立好的建筑物白模进行纹理贴图并渲染，即可完成精确建模，让其更加生动形象。图 3.1.3 为某建筑物的贴图模型。

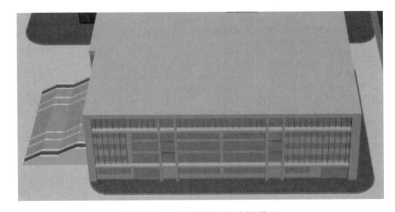

图 3.1.3　某建筑物的贴图模型

校园模型的局部放大图如图 3.1.4 所示。

由于 3ds MAX 软件的建模方法过于精细，最终生成的数字模型所占存储空间较大。例如，本次示例中的校园模型的体积超过了 200MB。虽然整体效果很细腻，但是不便于在移动端展示，所以需要寻求更便捷的建模方法。

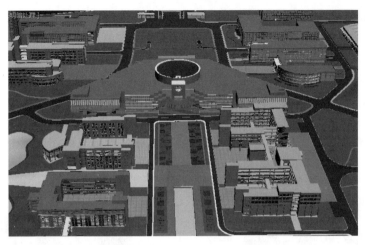

图 3.1.4　校园模型局部放大图

3.1.2　CityEngine

3.1.2.1　CityEngine 软件介绍

在 Esri CityEngine 中利用二维数据可以实现三维场景的快速创建，并可以高效地对场景进行规划设计，而且 CityEngine 对 ArcGIS 完美支持，不需要对很多已有的基础 GIS 数据进行转换即可迅速实现三维建模，减少了系统再投资的成本，同时也缩短了三维 GIS 系统的建设周期。

在 CityEngine 中，可以通过规则快速调用 GIS 数据中的属性数据，进行自动批量建模，从而提高了三维建模效率，为大场景下三维快速建模提供了一种新的手段。同时，CityEngine 建立的贴图模型的体积很小，通常为几十兆字节，不贴图则其体积会更小。利用这一优势，可以在移动手机端流畅地展示数字模型，为数字孪生技术的发展提供了方便。CityEngine 的操作界面如图 3.1.5 所示。

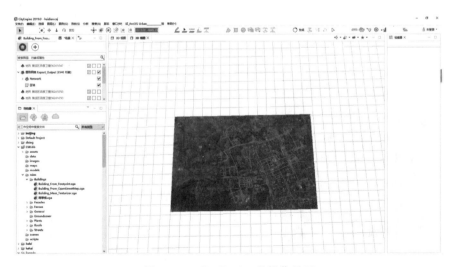

图 3.1.5　CityEngine 的操作界面

CityEngine 软件通过 GIS 数据可以实现道路及城市建筑物的快速建模，同时可以导出如.obj、.fbx 等格式的三维模型文件，而且模型所占内存较小，这一特点为构建大型建筑的数字孪生模型提供了便利。

下面以河海大学某行政楼模型为例介绍 CityEngine 的建模过程。

3.1.2.2　卫星底图的获取

通过谷歌地球或其他软件，可以下载所需的含有地理坐标数据的卫星底图。河海大学某行政楼的卫星底图如图 3.1.6 所示。将带地理坐标的卫星底图添加到 CityEngine 软件中，即可生成对应的场景，如图 3.1.7 所示。

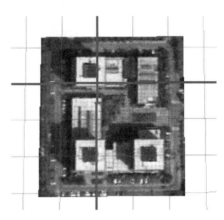

图 3.1.6　河海大学某行政楼卫星底图　　　图 3.1.7　将卫星底图导入 CityEngine 生成的场景

3.1.2.3　建筑模型的建立

CityEngine 中建筑模型是基于 CGA 建模规则建立的。首先，在卫星底图场景中画出需要的小面积建筑的底部轮廓，若要进行大规模的建筑物建模，可以将 GIS 获取的建筑物数据直接导入 shp 或 osm 文件，从而获得建筑物的建筑轮廓底图，这一方法在之后的城市建模中会具体阐述。该行政楼的建筑轮廓底图如图 3.1.8 所示，CGA 代码如图 3.1.9 所示。

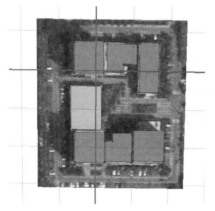

```
Lot-->    extrude(22)A

A-->    comp(f){top:a1|all:a3}
a3-->   //
        setupProjection(0,scope.xy,30,22)
        texture("建筑贴图/6_cropped.jpg")
        projectUV(0)

a1-->   offset(-0.5)b1
b1-->   comp(f){inside:b2|border:b3}
b3-->   extrude(0.8)b4
b4-->   comp(f){all:b5}
b5-->   //
        setupProjection(0,scope.xy,4,8)
        texture("屋顶/05.jpg")
        projectUV(0)

b2-->   split(x){~5:c1|~1:c2|~5:c1|~1:c2|~5:c1}
c1-->   //
        setupProjection(0,scope.xy,2,2)
        texture("屋顶/grey01.jpg")
        projectUV(0)
c2-->   split(y){~1:c1|~4:c3|~1:c1}
        c3-->   extrude(1.5)c4
        c4-->   comp(f){all:c5}
        c5-->   //
        setupProjection(0,scope.xy,4,4)
        texture("屋顶/9.jpg")
```

图 3.1.8　行政楼的建筑轮廓底图　　　图 3.1.9　行政楼模型的部分 CGA 代码

在建筑轮廓底图的基础上，利用 CGA 规则对建筑物建模，其中包含了对建筑物高度、外形、面的切分以及贴图等环节。图 3.1.10 为行政楼的完整模型图。

3.1.2.4 道路模型的建立

对于小范围的道路模型，可以利用 CityEngine 的手绘道路功能，直接在卫星底图中对应的位置绘制道路面并分配规则文件来建立道路模型。而对于大范围的道路模型，则需要将 GIS 保存的道路数据的 shp 或 osm 文件直接导入，建立道路模型，在后续章节中会详细介绍。图 3.1.11 为行政楼的道路模型图。

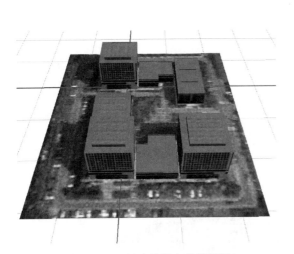
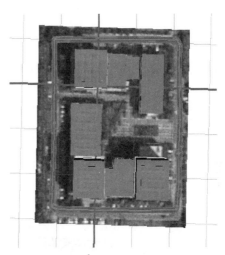

图 3.1.10　行政楼的完整模型图　　　　图 3.1.11　行政楼的道路模型图

利用 CityEngine 建立建筑物模型是十分快速的，同时生成的模型和导出的 obj 文件所占内存很小，便于移动端展示，为数字孪生模型的建立提供了方便。

3.1.3　Solidworks

Solidworks 是美国 Solidworks 公司开发的三维 CAD 产品，是进行数字化设计的造型软件，在国际上得到广泛的应用。Solidworks 具有开放的系统，添加各种插件后，可实现产品的三维建模、装配校验、运动仿真、有限元分析、加工仿真、数控加工及加工工艺的制定，以保证产品在设计、工程分析、工艺分析、加工模拟、产品制造过程中数据的一致性，从而真正实现产品的数字化设计和制造，并大幅度提高产品的设计效率和质量。

利用 Solidworks 软件，可以快速精准地建立所需的机械模型，同时利用模型轻量化的方法，可以使矢量化的模型所占存储空间减小，达到快速查看的目的，也便于在移动端展示。Solidworks 的操作界面如图 3.1.12 所示。

Solidworks 建模软件在机械设计等领域运用得十分广泛，具有功能强大、易学易用和技术创新三大特点，这使它成为了目前领先的、主流的三维 CAD 建模软件。

下面以某教学楼为例介绍 Solidworks 的建模过程。图 3.1.13 为某教学楼的整体模型。

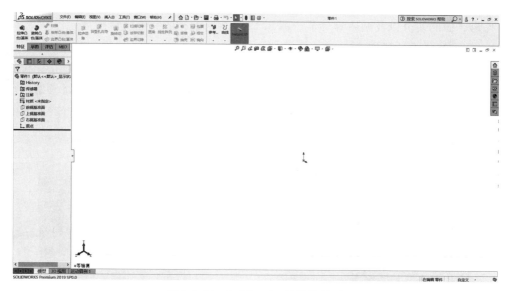

图 3.1.12 Solidworks 的操作界面

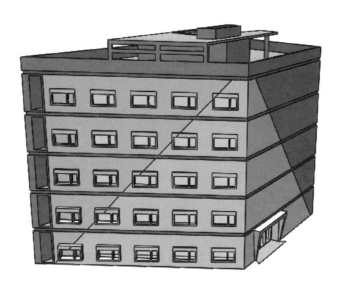

图 3.1.13 某教学楼的整体模型

3.1.3.1 单个零部件的建模

在 Solidworks 中, 往往先建立单个的零部件模型, 然后将其合理地装配起来, 形成整体。图 3.1.14 为教学楼的天台建筑。

3.1.3.2 零部件的装配

将所有已经建好的单独零部件通过合适的配合方式装配起来, 即可形成完整的模型。图 3.1.15 为天台建筑支撑柱与大楼之间的装配。

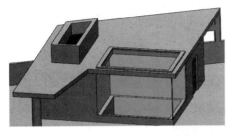

图 3.1.14　教学楼的天台建筑

图 3.1.15　天台建筑支撑柱与大楼之间的装配

但基于 Solidworks 的建模规则建立出来的建筑物模型所占内存过于庞大，如此例中的单个教学楼建筑物就达到了十几兆字节，不方便在移动端展示，因此通常不采取此类建模方式。

3.1.4　SketchUp

SketchUp 也称为草图大师，是一款便于操作的三维绘图软件。由于 SketchUp 软件的建模功能比传统的三维软件 3ds MAX 强大，而且软件简单易学，因此在建筑规划、风景园林设计、室内设计、工业设计等领域得到广泛的应用。SketchUp 软件的操作界面如图 3.1.16 所示。

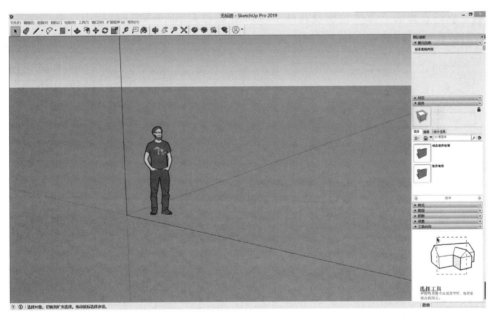

图 3.1.16　SketchUp 软件的操作界面

SketchUp 软件与其他建模软件兼容度较高，并具有导入导出功能。SketchUp 软件中建立的模型可以导出多种文件格式，如 .fbx、.obj、.3ds 等。同时，可以将用 AutoCAD 绘制出的建筑底图导入 SketchUp 软件中，通过推/拉命令，快速完成建模。

下面以某教学楼建筑为例介绍 SketchUp 软件的建模过程。该教学楼的整体模型如图 3.1.17 所示。

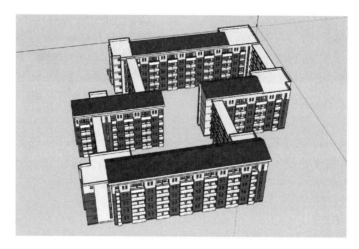

图 3.1.17 某教学楼的整体模型

3.1.4.1 建筑平面图的绘制

建筑物底图的绘制可以直接在 SketchUp 软件中进行。同时，利用 AutoCAD 软件可以绘制复杂建筑物的全方位轮廓及其细节，再将其导入 SketchUp 软件中，利用四边形剖分法，对建筑物进行建模。图 3.1.18 为 SketchUp 软件中单个教学楼的底图绘制示意图。

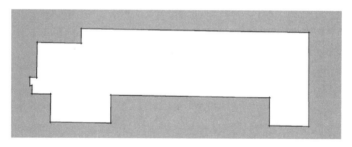

图 3.1.18 单个教学楼的底图绘制示意图

3.1.4.2 创建三维模型

（1）白模的建立。在建筑底图的基础上，可利用推/拉功能快速建立建筑白模。规则形状可以直接绘制，而曲线成面需采用四边形剖分法，用铅笔工具描出轮廓，并将曲面拆分为多个不规则四边形以绘制不同的面。使用卷尺工具测量所需向内凹陷的宽度，再利用推/拉功能实现建模。

（2）模型贴图。在建立好的白模基础上对模型进行纹理贴图。一般情况下，使用的贴图是系统自带的纹理贴图。如果是更精确的需求，可以使用实际拍摄的建筑物贴图，使其更符合实际情况。贴图完成后的单个教学楼模型如图 3.1.19 所示。

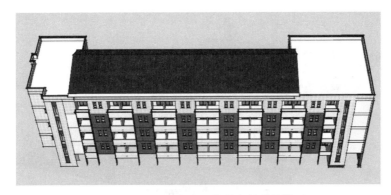

图 3.1.19 贴图完成后的单个教学楼模型

3.2 水利模型的建立

3.2.1 重力坝

3.2.1.1 葛洲坝

　　葛洲坝水电站是长江干流上的第一座大型水利枢纽，兼具兴利发电、防洪和通航等功能。大坝位于湖北省宜昌市三峡出口南津关下游约 3 km 处，横跨大江、葛洲坝、二江、西坝和三江。它是世界上最大的低水头大流量、径流式水电站。葛洲坝水利枢纽工程由船闸、电站厂房、泄水闸、冲沙闸及挡水建筑物组成，坝型为闸坝，大坝顶全长为 2606.5 m，最大坝高为 53.8 m，控制流域面积为 100 万 km²，总库容量为 15.8 亿 m³。葛洲坝水电站总装机容量达 271.5 万 kW，多年平均年发电量 157 亿 kW·h，保证电机发电量达 45 万 kW，解决了华中、华东地区缺电的问题。葛洲坝 27 孔泄水闸和 15 孔冲沙闸全部开启后的最大泄洪量达 11 万 m³/s，起到了很好的防洪作用。葛洲坝工程也显著改善了三峡河段航道条件，截至 2021 年，改善长江航道 200 多千米，淹没险滩 21 处。同时，葛洲坝工程还培养锻炼了一支高水平的巨型水利水电工程科研、设计、施工、管理队伍，为建设三峡工程积累了宝贵的经验，也为修建三峡工程做了实战准备。

　　葛洲坝的数字模型如图 3.2.1～图 3.2.3 所示。

图 3.2.1 葛洲坝主视图

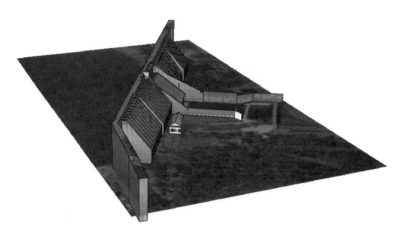

图 3.2.2　葛洲坝侧视图

图 3.2.3　葛洲坝俯视图

3.2.1.2　刘家峡主坝

　　刘家峡水电站在甘肃省临夏回族自治州永靖县内，距离兰州市 80 km，位于永靖县城西南 1km 处，1975 年建成后成为了当时中国最大的水利电力枢纽工程，被誉为"黄河明珠"，每年将 57 亿 kW·h 的电能送往陕西、甘肃、青海。刘家峡水库蓄水容量达 57 亿 m^3，水域面积达 130 多平方千米，呈西南—东北向延伸，全长达 54 km。拦河大坝高达 147m，长 840m，大坝右岸台地上修建有长 700m、宽 80 m 的溢洪道。站在黄河单拱第一桥面上，电站主坝一览无余，主坝高 147m，长 100m。大坝下方是发电站厂房，在地下大厅排列着 5 台大型发电机组，总装机容量为 122.5 万 kW。刘家峡水电站是第一个五年计划期间，我国自己设计、自己施工、自己建造的大型水电工程，是黄河上游开发规划中的第 7 个梯阶电站，兼有发电、防洪、灌溉、航运、旅游等多种功能。

　　刘家峡主坝的数字模型如图 3.2.4～图 3.2.6 所示。

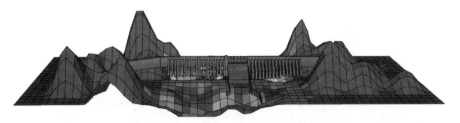

图 3.2.4 刘家峡主坝主视图

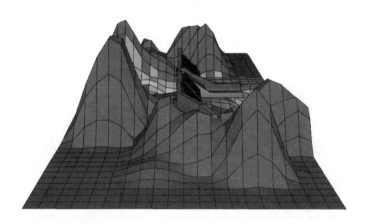

图 3.2.5 刘家峡主坝侧视图

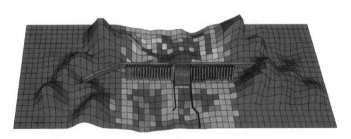

图 3.2.6 刘家峡主坝俯视图

3.2.2 黄河大堤

黄河大堤于春秋中期形成,位于河南省和山东省内河交界处,是在河南省、山东省境内河道两岸修筑的束范河水的堤防。堤防分为遥堤、缕堤、格堤、月堤 4 类,按照各堤的特点,因地制宜地修建。黄河大堤右岸临黄堤计长 624.248 km,左岸临黄堤计长 746.979 km。堤防断面采用典型断面稳定分析与经验相结合的办法拟定。堤顶宽度除满足稳定要求外,还考虑防汛抢险交通需要。黄河大堤经过不断改造,加高加固,巨石砌成的堤坝普遍加高到 8~9 m。除加固了两岸的临黄堤外,还修缮加固了南北全堤、展宽区围堤、东平湖围堤、沁河堤和河口地区防洪堤等,加上干支流防洪水库的配合,大大提高了黄河防洪的能力。黄河大堤的修建起到了束水攻沙、蓄清排浑和淤滩固堤的作用。堤防不仅是防洪的手段，而且是治河的工具。

黄河大堤的数字模型如图 3.2.7～图 3.2.9 所示。

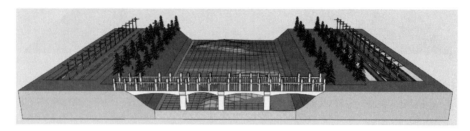

图 3.2.7　黄河大堤主视图

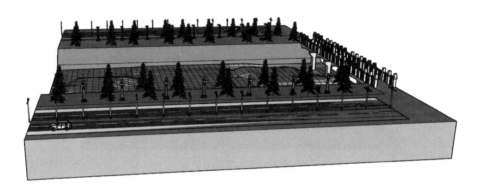

图 3.2.8　黄河大堤侧视图

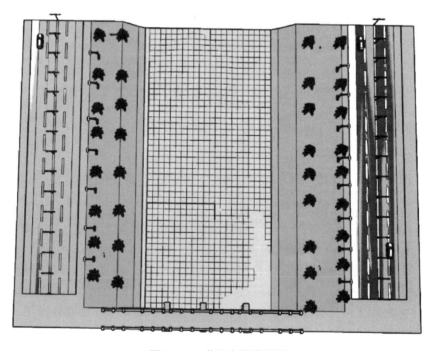

图 3.2.9　黄河大堤俯视图

3.2.3 南京港

南京港是江苏省南京市的港口，位于长江中下游，距吴淞口 400 余千米，港区北岸岸线 110 km、南岸岸线 98 km。南京港所处江面最宽处达 2.5 km，最窄处 1.5 km，主槽水深 5～30 m。在南京长江大桥下主航道水深超过 10 m。南京港是中国沿海主要港口、主枢纽港和对外开放一类口岸，是长江流域水陆联运和江海中转的枢纽港，是国际性、多功能、综合型江海转运主枢纽港。南京港有 50 多座码头，其中有万吨级深水泊位 13 个、万吨级以上锚地泊位 6 个。南京港有至美国、欧洲、东南亚、日本等的共几十条国际航线。南京港内联长江及众多支流和京杭大运河；有津浦、沪宁、宁芜、宁西等铁路干线与港口铁路相接；通过宁沪、宁连（连云港）、宁合（合肥）、宁通（南通）等高速公路，G312、G104、G205、G328 等 4 条国道和 9 条省级公路与全国公路网相连；鲁宁输油管道联结着胜利、中原、华北三大油田。南京港的建设还使得江苏沿江南北两岸的港口岸线真正成为优良的深水岸线，江苏沿江港口大型码头泊位能力得到充分释放，港口枢纽作用更加明显，沿江交通物流条件更加优越，促进沿江产业结构优化和城市群一体化发展，为江苏"强富美高"高质量发展提供重要支撑。

南京港的数字模型如图 3.2.10～图 3.2.12 所示。

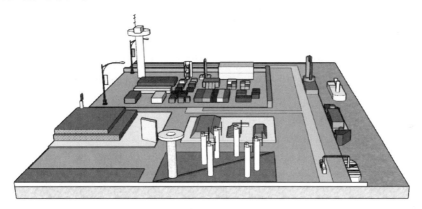

图 3.2.10 南京港主视图

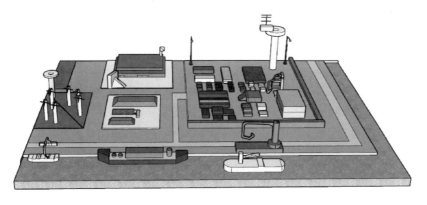

图 3.2.11 南京港侧视图

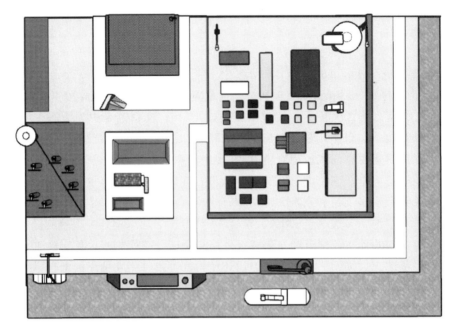

图 3.2.12　南京港俯视图

3.2.4　天津港码头

天津港位于天津市滨海新区，地处渤海湾西端，背靠雄安新区，辐射东北、华北、西北等内陆腹地，连接东北亚与中西亚，是京津冀的海上门户，是中蒙俄经济走廊东部起点、新亚欧大陆桥重要节点、21 世纪海上丝绸之路战略支点。天津港港口岸线总长 32.7 km，水域面积为 336 km²，陆域面积为 131 km²。天津港主要由北疆、南疆、东疆、大沽口、高沙岭、大港等 6 个港区组成。2024 年，天津港完成货物吞吐量 4.93 亿 t，完成集装箱吞吐量 2328 万标准箱。天津港处于亚欧大陆桥桥头堡的地位，同时又是"一带一路"沿线的重要战略城市。随着东北振兴、中部崛起、西部大开发战略的实施，天津港所辐射的腹地经济的不断发展，北京经济图、京津冀城市群、天津自贸试验区等相关概念的提出，天津港处于带动北方乃至中国发展的重要战略地位。

天津港码头的数字模型如图 3.2.13～图 3.2.15 所示。

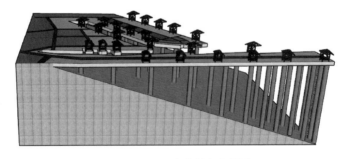

图 3.2.13　天津港码头主视图

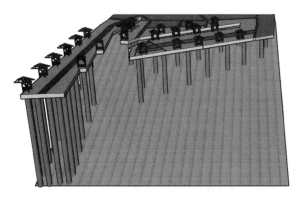

图 3.2.14　天津港码头侧视图

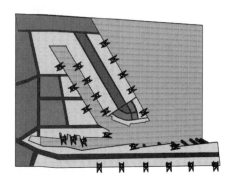

图 3.2.15　天津港码头俯视图

3.2.5　赵州桥

　　赵州桥是一座位于河北省石家庄市赵县城南洨河之上的石拱桥，因赵县古称赵州而得名。赵州桥是世界上现存年代久远、跨度最大、保存最完整的单孔坦弧敞肩石拱桥。赵州桥的桥台为低拱脚、浅基础、短桥台，桥台长约 5 m，宽为 9.6 m。其基础宽度为 9.6～10 m，长约 5.5 m；基础的埋置深度为 2～2.5 m，桥台厚度为 1.549 m，拱脚下为 5 层平铺条石，灰缝很薄，无裂缝，每层略有出台，石料下层较上层稍厚。赵州桥桥身全长64.4 m，拱顶宽 9 m，拱脚宽 9.6 m，跨径 37.02 m，拱矢 7.23 m。主拱的两端各有两个小拱，小拱净跨分别为 2.85 m 和 3.81 m。桥体由 28 道并列券拱砌筑，并用勾石、收分、蜂腰、伏石"腰铁"连结加固，提高了整体性。桥面两侧有 42 块栏板和望柱，雕刻精美，栏板上雕"斗子卷叶"和"行龙"，半圆雕刻，比例适度，线条流畅。其建造工艺独特，在世界桥梁史上首创"敞肩拱"结构形式，具有较高的科学研究价值。

　　赵州桥的数字模型如图 3.2.16～图 3.2.18 所示。

图 3.2.16　赵州桥主视图

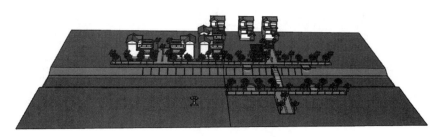

图 3.2.17　赵州桥侧视图

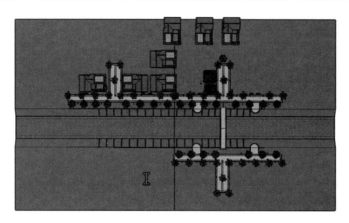

图 3.2.18　赵州桥俯视图

3.2.6　水电站

3.2.6.1　锦屏一级水电站

锦屏一级水电站位于四川省凉山彝族自治州盐源县和木里藏族自治县境内，是雅砻江干流下游河段（卡拉至江口河段）的控制性水库梯级电站，下距河口约 358 km。坝址以上流域面积为 10.3 万 km^2，占雅砻江流域面积的 75.4%。坝址处多年平均流量为 1220 m^3/s，多年平均年径流量为 385 亿 m^3。锦屏一级水电站规模巨大，主要任务是发电。电站总装机容量为 360 万 kW（6 台×60 万 kW），枯水年枯期平均出力 108.6 万 kW，多年平均年发电量为 166.2 亿 kW·h。水库正常蓄水位为 1880 m，死水位为 1800 m，总库容为 77.6 亿 m^3，调节库容为 49.1 亿 m^3，属年调节水库。锦屏一级水电站正常发电后，每年可节约原煤 768.2 万 t，减少排放二氧化硫 10.5 万 t，减少排放二氧化碳 1371.2 万 t，对促进节能减排、实现清洁能源发展具有重要的意义，而且使四川电网枯水期平均出力增加 22.5%，极大地优化了川渝电网电源结构；每年使雅砻江下游梯级电站增加发电量 60 亿 kW·h，使金沙江溪洛渡、向家坝、长江三峡和葛洲坝等 4 座水电站增加发电量 37.7 亿 kW·h。

锦屏一级水电站的数字模型如图 3.2.19～图 3.2.21 所示。

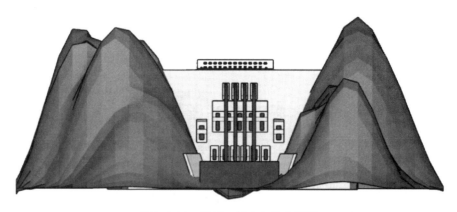

图 3.2.19　锦屏一级水电站主视图

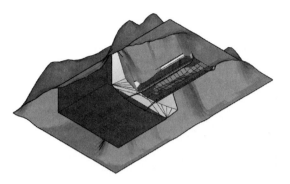

图 3.2.20 锦屏一级水电站侧视图

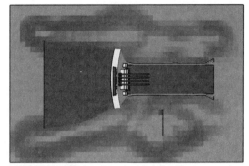

图 3.2.21 锦屏一级水电站俯视图

3.2.6.2 二滩水电站

　　二滩水电站地处四川省西南边陲攀枝花市盐边与米易两县交界处，位于雅砻江下游，坝址距雅砻江与金沙江的交汇口 33 km，距攀枝花市区 46 km，是雅砻江水电基地梯级开发的第一个水电站，也是中国在 20 世纪建成投产的最大水电站，上游为官地水电站，下游为桐子林水电站。水电站最大坝高为 240 m，水库正常蓄水位为 1200 m，总库容为 5.8 km³，调节库容为 3.37 km³，装机总容量为 3300 MW，保证出力 1000 MW，多年平均年发电量为 170 亿 kW·h，投资 286 亿元。工程以发电为主，兼有其他综合利用效益。二滩水电站引水发电系统由进水口、压力管道、主厂房、主变压器洞室、尾水调压室、尾水洞及地面开关站组成。整个系统布置在左岸坝肩。二滩水电站的成功建成标志着中国水电建设水平迈上了一个新台阶，川渝两地因此告别了多年的电力紧张局面，为 21 世纪的经济发展奠定了基础。

　　二滩水电站的数字模型如图 3.2.22～图 3.2.24 所示。

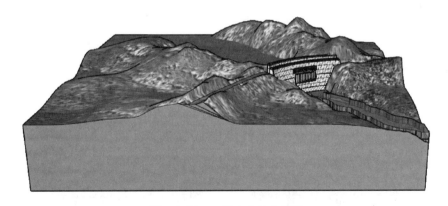

图 3.2.22 二滩水电站主视图

3.2.7　海口北闸

　　淮河入海水道西起洪泽湖二河闸，东至滨海县扁担港，注入黄海，与苏北灌溉总渠平行，居其北侧，全长 164.8km，河道宽 750 m，深约 4m。淮河入海水道海口枢纽工程位

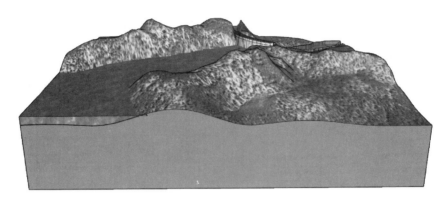

图 3.2.23　二滩水电站侧视图

于江苏省盐城市滨海县东北 48km 处，是入海
水道工程四大枢纽之一，也是淮河入海水道
的末级枢纽，具有泄洪、排涝、挡潮、冲淤、
连接南北交通的功能。海口枢纽工程包括海
口北闸，海口南闸，黄海公路南、北桥。海
口北闸共 11 孔，单孔净宽 10 m，设计行洪流
量为 1543 m^3/s，共有 10 扇弧形钢闸门，北
侧一孔为通航孔，采用上下扉平面定轮实腹
式钢闸门。闸门防腐采用喷 AC 铝加封闭涂
料，并采用了阴极防腐，埋件均采用不锈钢
材料，海口北闸 10 孔启闭机选用 QLHY - 2
× 315kN 液压启闭机；通航孔上扉门采用
QSWY - 320kN 液压油缸绞车式启闭机，下

图 3.2.24　二滩水电站俯视图

扉门采用 QSWY - 640kN 液压油缸绞车式启闭机。海口北闸工程的建设为上游地区滩地
恢复生产和入海水道完善工程的顺利实施创造了良好的条件，发挥了较好的防洪除涝减灾
效益。

　　海口北闸的数字模型如图 3.2.25～图 3.2.27 所示。

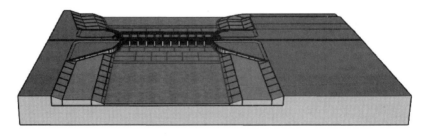

图 3.2.25　海口北闸主视图

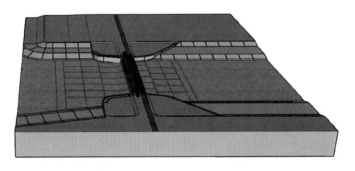

图 3.2.26　海口北闸侧视图

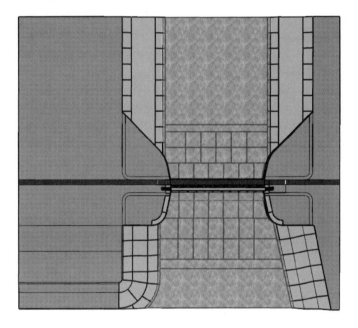

图 3.2.27　海口北闸俯视图

3.2.8　石津灌区

石津灌区位于河北平原中南部，主要灌溉滹沱河下游以南、滏阳河以西地区，控制耕地面积 435 万亩❶，有效灌溉面积 250 万亩。受益范围包括石家庄、衡水、邢台 3 个市，14 个县（市、区），158 个乡，1467 个村。石家庄在灌区上游，有藁城区、晋州市、深泽县、辛集市、赵县等的 72 个乡、525 个村受益，灌溉面积 86 万亩。灌区的水源为滹沱河上游的黄壁庄水库和岗南水库（两库联合运用），黄壁庄水库库容为 12.1 亿 m³。石津灌区隶属河北省水利厅，由石津灌区管理局主管。灌区灌溉渠系有总干渠、干渠、分干渠、支渠、斗渠和农渠六级固定渠道，其中，总干渠 1 条，长 134.7km，首段设计流量为 100m³/s，最大流量可达 125m³/s；干渠 5 条，总长 183 km；分干渠 30 条，总长 379

---

❶　1 亩≈666.7m²。

km；支渠268条，总长866km；斗渠2429条，总长2208km。石津灌区建成后，灌区粮食产量提高10倍左右，农业生产长足发展，农民生活稳步提高，受益县市均成为国家重点粮棉生产基地。

石津灌区的数字模型如图3.2.28～图3.2.30所示。

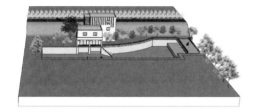

图3.2.28　石津灌区主视图

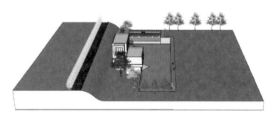

图3.2.29　石津灌区侧视图

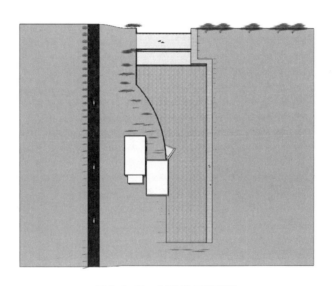

图3.2.30　石津灌区俯视图

3.3　水务模型的建立

3.3.1　雨水管道铺设

3.3.1.1　雨水管道简介

雨水管道是从地面收集天然雨水并输送至天然水体的管道，包括总管、干管、支管及检查井。在设计原则上，尽量利用池塘、河滨受纳地面径流，最大限度地减少雨水管道的设置，利用地形，使雨水就近排入地面水体，降低造价。

河海大学校园内雨水管线平行于道路的中心线或规划线，管道铺设方案参照了河海大学江宁校区雨水管监测布点示意图纸，设计雨水管网监测布点共24个。按照数字孪生理念，管道设计要求有：①反映雨水管网的实际布局；②显示管道内实际水流走向；③点击监测布点能使周围物体透明，显示出地下管道。

3.3.1.2　外部管道搭建

（1）管道搭建准备。管道的搭建需要相应开发库中 Poly line 形状类型，该类型可以实现 2D 及 3D 管线效果。Poly line 支持 {x：10，y：20，e：30} 格式的三维空间点描述，如果 e 值为空则取 elevation 的值，修改 Poly line 的 elevation 和 tall 值时，会自动调节 points 顶点中的 e 值；同理 points 顶点信息变化也会同步修改 Poly line 的 elevation 和 tall 值。Poly line 有两种显示方式，默认显示为普通线框效果，当 shape3d 设置为 cylinder 时则通过微分段的方式显示为立体管线的效果。因此为达到更好的均分曲线效果，两种方式都可通过 shape3d. resolution 控制曲线微分段数。

（2）管道属性。河海大学江宁校区案例中管道是利用 shape3d 的 cylinder 属性设计的，图元呈现空间圆筒管道的模型效果，管道的走向由 points 和 segments 决定。管道由 shape3d. top. * 控制顶面参数，shape3d. bottom. * 控制管道底面参数，shape3d. * 控制管道走向的中间部分效果。通过将 shape3d. top. visible 和 shape3d. bottom. visible 设置为 false，可实现空心管道的效果。

（3）管道坐标。3D 坐标系如图 3.3.1 所示。所用开发库 2D 坐标关系为 2D 坐标系的 x 轴与 3D 坐标系的 x 轴对应，2D 坐标系的 y 轴与 3D 坐标系的 z 轴对应，2D 坐标系的 xy 屏幕面相当于 3D 坐标系的 xz 面。例如 Node♯getPosition()返回 {x：100，y：200} 表示：2D 坐标系 x 轴上长度为 100，y 轴上长度为 200；3D 坐标系 x 轴上长度为 100，z 轴上长度为 200。Node♯getSize()返回 {width：300，height：400} 表示：2D 坐标系中 x 轴上长度为 300，y 轴上长度为 400；3D 坐标系中 x 轴上长度为 300，z 轴上长度为 400。

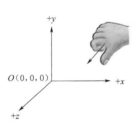

图 3.3.1　3D 坐标系

3D 坐标系的 y 轴则是与 2D 坐标系没有关联的新轴，Node 上增加了 getElevation() 和 setElevation (elevation) 函数，用来控制 Node 图元中心位置所在 3D 坐标系的 y 轴位置；同时增加了 getTall()和 setTall (tall) 函数，控制 Node 图元在 y 轴的长度。为了避免 2D 和 3D 坐标系混乱，以及方便设置 3D 图元位置、大小，Node 图元增加了以下新函数：

1）setPosition3d (x, y, z) | setPosition3d ([x, y, z])，可传入 x、y、z 3 个参数，或传入 [x, y, z] 的数组。

2）getSize3d()的新函数，返回 [x, y, z] 数组值，即 [getWidth(), getTall(), getHeight()]。

3）getPosition3d()的新函数，返回 [x, y, z] 数组值，即 [getPosition(). x, getElevation(), getPosition(). y]。

4）setSize3d (x, y, z) | setSize3d ([x, y, z])，可传入 x、y、z 3 个参数，或传入 [x, y, z] 的数组。

（4）管道建立。案例中管道铺设采用了内外两层管道，用 cylinder 图元模型建立内部管道，用 cylinder Wrap 图元模型建立外部管道。建立两层管道的目的是方便后续贴图操作，参考代码如下：

```
cylinder Wrap = new Poly line ();
  dataModel. add(cylinder1 Wrap);
    cylinder Wrap. setPoints([
      {x: -3000, y: 3690, e: 150},
      {x: -1400, y: 3675, e: 150},
      {x: 2500, y: 3690, e: 150},
      {x: 2550, y: 4050, e: 150},
            ]);
    cylinder Wrap. setSegments([
      1,2,1,2]
  );
cylinder Wrap. setClosePath(true);
  cylinder Wrap. setThickness(35);
    cylinder Wrap. s({
    'shape3d': 'cylinder',
      'shape3d. color':
'rgba(94,255,255,0. 2)',
      'shape3d. transparent': 1,
      'shape3d. reverse. flip': true,
          });
```

setPoints 描述了管线坐标；setSegments 描述了管道曲线效果；setClosePath 值默认为 true，指管道末端封闭；setThickness 控制管道直径。

3.3.1.3　内部管道搭建

内部管道搭建涉及贴图，在程序中要先定义管道贴图颜色参数，利用 setImage（'flow1'，{…} ）函数定义 flow1 的颜色，再编写内部管道代码，在属性中设置 'shape3d. image'：'flow1'，利用 RGBA（red - green - blue - alpha）参数设置颜色。

（1）RGBA 参数特点。RGBA 在 RGB 上扩展"alpha"通道，然后运行，对颜色值设置透明度。在 RGBA 中，4 个数字以逗号分隔开，前面 3 个数字标识这个颜色的 RGB 值，这个设置和 RGB 并没有任何区别。RGBA 也可以设置为百分比，后面的数字代表透明度，范围为 0～1。其中，1 表示不透明，0 表示全透明。前 3 个值（红、绿、蓝）的范围为 0～255 之间的整数或者 0%～100% 之间的百分数。这些值描述了红、绿、蓝三原色在预期色彩中的量。第 4 个值 alpha 确定了色彩的透明度/不透明度，它的范围为 0～1.0，0.5 为半透明。RGBA（255，255，255，0）表示完全透明的白色；RGBA（0，0，0，1）表示完全不透明的黑色；RGBA（0，0，0，0）表示完全不透明的白色，即无色。

（2）内部管道建立。内部管道直接用 cylinder 建立，属性设置可参照外部管道，参考代码如下：

```
cylinder=new Poly line ();
  dataModel. add(cylinder);
    cylinder1. setPoints([
```

```
        {x: -3000, y: 3690, e: 150},
        {x: -1400, y: 3675, e: 150},
        {x: 2500, y: 3690, e: 150},
        {x: 2550, y: 4050, e: 150},
    ]);
    cylinder1. setSegments([
    1,2,1,2
    ]);
    cylinder1. setClosePath(true);
    cylinder1. setThickness(30);
    cylinder1. s({
        'shape3d': 'cylinder',
        'shape3d. image': 'flow1',
        'shape3d. uv. scale': [4, 1],
        'shape3d. transparent': false,
        'shape3d. reverse. flip': true,
    })
```

3. 3. 1. 4　调度管道动画

（1）调度介绍。调度进行的流程是先通过 dataModel 添加调度任务，dataModel 会在调度任务指定的时间间隔到达时，遍历 dataModel 所有图元，回调调度任务的 action 函数，然后在该函数中对传入的 Data 图元做相应的属性修改以达到动画效果。管线流动效果的实现核心是控制 UV 贴图偏移。

（2）调度方法。在内部管道代码中用'shape3d. uv. scale': [4, 1] 设置贴图尺寸，然后利用 FlowTask 函数操纵贴图沿某一方向不断流动，呈现出管道内部流动效果，函数中依靠返回的 cylinder 名称来识别对应管道并实现流动。dataModel♯addScheduleTask（task）指添加调度任务，其中 task 为 json 对象，可指定如下属性：interval 指间隔毫秒数，默认值为 10；enabled 指是否启用开关，默认为 true；beforeAction 指调度开始之前的动作函数；action 指间隔动作函数，对 dataModel 上的每个 data 节点都会执行一次 action 操作；afterAction 指调度结束之后的调度函数。代码如下：

```
    var offset = 0;
    FlowTask = {
    interval: 20,
    action: function(data){
    if(data ! == cylinder1){
        return;
            }
    offset += 0.01;
    data. s('shape3d. uv. offset',[- offset,0]);
        },
    afterAction: function() {
```

```
        }
    };
```

offset 控制流动速度及方向，interval 决定了流动的时间间隔。

3.3.2　井盖铺设

3.3.2.1　井筒节点设置

利用 Node 图元创建井筒，设置大小、坐标，再对节点属性进行修改。为了使井筒更加真实，在节点模型上附加了贴图。具体代码如下：

```
node = new Node();
dataModel. add(node);
node. p3(-1400, 138, 3680);
node. s3(80, 160, 80);
node. s({
    'shape3d': 'cylinder',
    'shape3d. transparent': false,
'shape3d. opacity': 1,
'shape3d. reverse. cull': true,
'shape3d. image': 'brick1',
    'shape3d. top. image': 'brick2'
});
node. setTag('tag123')
```

shape3d. transparent 设置是否透明，默认值为 false；shape3d. top. image 设置节点模型上表面贴图；shape3d. image 设置模型外表面贴图。井筒效果如图 3.3.2 所示。

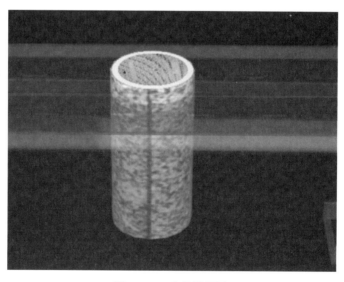

图 3.3.2　井筒效果图

3.3.2.2 贴图 Base64 编码转换

图片处理在前端工作中占据十分重要的地位，而图片的 Base64 编码对于大多数人来说可能相对比较陌生。通过 Base64 编码可以将一幅图片数据编码成一串字符串，使用该字符串代替图像地址。我们所看到的网页上的每一个图片，都是消耗一个 HTTP 请求下载而来的，图片的下载始终要向服务器发出请求，而基于 Base64 编码，图片的下载不用向服务器发出请求，可以随着 HTML 的下载同时下载到本地。

（1）Base64 编码简介。Base64 编码是网络上最常见的用于传输 8bit 字节码的编码方式之一，是一种基于 64 个可打印字符来表示二进制数据的方法。Base64 编码一般用于在 HTTP 协议下传输二进制数据，由于 HTTP 协议是文本协议，网络传输只能传输可打印字符，所以在 HTTP 协议下传输二进制数据需要将二进制数据转换为字符数据，而不能进行直接转换。在 ASCII 码中规定，0～31、128 这 33 个字符属于控制字符，32～127 这 96 个字符属于可打印字符，也就是说网络传输只能传输这 96 个字符，不在这个范围内的字符无法传输。那么怎么才能传输其他字符呢？其中一种方式就是使用 Base64 编码。Base64 编码索引与字符的对应关系见表 3.3.1。

表 3.3.1　　　　　　　　　　　Base64 编码索引与字符对照表

索引	对应字符	索引	对应字符	索引	对应字符	索引	对应字符
0	A	17	R	34	i	51	z
1	B	18	S	35	j	52	0
2	C	19	T	36	k	53	1
3	D	20	U	37	l	54	2
4	E	21	V	38	m	55	3
5	F	22	W	39	n	56	4
6	G	23	X	40	o	57	5
7	H	24	Y	41	p	58	6
8	I	25	Z	42	q	59	7
9	J	26	a	43	r	60	8
10	K	27	b	44	s	61	9
11	L	28	c	45	t	62	+
12	M	29	d	46	u	63	/
13	N	30	e	47	v		
14	O	31	f	48	w		
15	P	32	g	49	x		
16	Q	33	h	50	y		

（2）Base64 编码的优点。使用 Base64 编码传输图片文件可以节省一个 HTTP 请求，图片的 Base64 编码可以算是前端优化的一环。其主要效益包括：无额外请求；极小或者极简单图片可以被 gzip 压缩，即压缩图片文件（gzip 对 Base64 数据的压缩能力通常和图

片文件差不多或者更强）；可像单独图片一样使用，比如背景图片重复使用等；没有跨域问题，无需考虑缓存、文件头或者 cookies 问题。

案例中的贴图全部用图片 Base64 转换器转换为二进制编码，如图 3.3.3 所示。

setImage('flow4','data:image/png;base64,iVBORw0KGgoAAAANSUhEUgAAAJkAAACbCAYAAABx1DmxAAAAAXNSR0IArs4c6QAAAARnQU1BAACxjwv8YQUAAAAJcEhZcwAAFiUAA
setImage('river2','data:image/jpeg;base64,/9j/4AAQSkZJRgABAQEAYABgAAD/2wBDAACFBQYFBAcGBgYIBwcICKsICLCwoKCxYPEA8SGhYbGhkYGGkcICgiHB4mHgZIzAkJio
setImage('river','data:image/jpeg;base64,/9j/4AAQSkZJRgABAQEAYABgAAD/2wBDAABAQEBAQEBAQECAgICAgQDAgICAgUEBAMEBgUGBgYFBgYGBwkIBgcJBwYGCAsICQoKCQo
setImage('river3','data:image/jpeg;base64,/9j/4AAQSkZJRgABAQEAYABgAAD/2wBDAABAQEBAQEBAQECAgICAgQDAgICAgUEBAMEBgUGBgYFBgYGBwkIBgcJBwYGCAsICQo
setImage('floor','data:image/png;base64,iVBORw0KGgoAAAANSUhEUgAAEAAAABACAIAAAAA1C+aJAAAACKBIWXMAAAABAAAAAQBPJcTWAAAA3RJTUUH3QwCC83dnl68gAA
setImage('yellowriver',128,128,'data:image/jpeg;base64,/9j/4AAQSkZJRgABAQEAeABeAAD/2wBDAAAEBAQEBAQEBAUEBAAEBAQEBAQEBAQE5wQEB5QwCC83
setImage('shuichi','data:image/jpeg;base64,/9j/4AAQSkZJRgABAQEAYABgAAD/2wBDAAMCAgMCAgMDAwMEAwMEBQgFBQQEBQoHBwYIDAoMDAsKCwsNDhIQDQ4RDgsLEBYQER
setImage('brick1','data:image/jpeg;base64,/9j/4AAQSkZJRgABAQEASABIAAD/2wBDAAGBggkGBgcBGQgHBwcJCQgKDBQNDAsLDBkSEw8UHRofHh0aHBwgJC4nICIsIxwcKDcpLD
setImage('brick2','data:image/png;base64,iVBORw0KGgoAAAANSUhEUgAAAdEAAAH3CAYAAADaRgNtAAAgAElEQVR4Xuy925Mc13XumV1Vwbe+A4luoNkEIJAiQZNyiCIpQkP
setImage('shuini','data:image/jpeg;base64,/9j/4AAQSkZJRgABAQEAYABgAAD/2wBDAAGBggCGBBgHBwcJCQgKDBQNDAsLDBkSEw8UHRofHh0aHBwgJC4nICIsIxwcKDcpLDA
setImage('river','data:image/jpeg;base64,/9j/4AAQSkZJRgABAQEAYABgAAD/2wBDAABAQEBAQEBAQECAgICAgQDAgICAgUEBAMEBgUGBgYFBgYGBwkIBgcJBwYGCAsICQo
setImage('flow1','data:image/jpeg;base64,/9j/4AAQSkZJRgABAQEASABIAAD/2wBDAAGBggCGBBgHBwcJCQgKDBQNDAsLDBkSEw8UHRofHh0aHBwgJC4nICIsIxwcKDcpLDA
setImage('flow2','data:image/png;base64,iVBORw0KGgoAAAANSUhEUgAAAT8AAADbCAYAAABJaLAAAgAElEQVR4Xu2d6Xmcx5XgX2YYfeGoBkAqpQChSomtzyLLiiVTkjVQ0
setImage('flow3','data:image/jpeg;base64,/9j/4AAQSkZJRgABAQEASABIAAD/2wBDAAMCAgMCAgMDAwMEAwMEDAMDIDIMBAYBEVAQEBAVGBGGUGCQGCgkICQkKKDA5NCgsOCwkJDRENDg8q

图 3.3.3　贴图转换后的二进制编码

3.3.2.3　井盖贴图

井盖图片自行选取，图片颜色对比度要尽量高。图片通过图片 Base64 转换器转换，如图 3.3.4 所示。转换后的井盖效果如图 3.3.5 所示。

图 3.3.4　通过图片 Base64 转换器转换图片　　　　图 3.3.5　井盖效果图

3.3.2.4　设置点击事件

通过 mi 添加交互事件监听器为要点击的交互模型绑定事件，通过 e. kind 判断点击事件，然后通过 tag 标签名获取要点击交互的模型对象。在点击时通过 flyTo 实现拉近效果，通过 setStyle 方法实现拉近后其他模型透明化。在井盖模型代码中已经标注好标签 tag。

具体代码如下：

```
g3d. mi(function (e) {
    if (e. kind === 'clickData') {
        for (var i = 1; i <= 123; i++) {
            if (e. data. getTag() === 'tag' + i) {
                //点击拉近场景
                g3d. flyTo(e. data, {
                    animation: true,
```

```
                    distance: 1500,
                                  });
              //选中模型实化
        e. data. setStyle('shape3d. transparent', false);
        e. data. setStyle('shape3d. opacity', 1);
              //其他模型透明化
        dataModel. each(data => {
              if (data. getTag() ! = 'tag' + i) {
                    data. setStyle('shape3d. transparent', true);
                    data. setStyle('shape3d. opacity', 0. 3);
                          }
                    })
                }
              }
        });
```

3.3.3　3D 场景面板设置

3.3.3.1　面板简介

　　面板对应的 shape3d 为 billboard 的节点，形状一般为矩形，在 3D 视角下无厚度，一般用于 2D 信息展示，例如机柜的信息面板、电子屏、楼层标签等。billboard 本身也是三维的 Node，所以 shape3d 中的属性对其都有意义。案例中 3D 面板是通过定义节点图形的方式建立的，先在需要面板的位置创建节点，然后定义图形风格。案例所使用的开发库的三维坐标系由 x、y 和 z 3 个轴线构成，x 轴正方向朝右，y 轴正方向朝上，z 轴正方向朝向屏幕外。

　　下面介绍 3 种面板设置方式：3D 投影、透视投影和正交投影。

　　3D 投影是一种将三维空间的点映射到二维平面的算法，即将 3D 空间的内容投影到 2D 屏幕坐标的过程，不同的投影算法最终会产生不同的屏幕内容显示效果。案例所用开发库支持透视投影 Perspective Projection 和正交投影 Orthographic Projection 这两种最常用的投影算法。Graph3dView 组件默认采用透视投影，通过 Graph3dView # setOrtho (true) 可切换到正交投影。Graph3dView 提供 eye、center、up、near、far、fovy 和 aspect 参数来控制截头锥体的具体范围：getEye() | setEye（[x, y, z]）决定眼睛（或 Camera）所在位置，默认值为 [0, 300, 1000]；getCenter() | setCenter（[x, y, z]）决定目标中心点（或 Target）所在位置，默认值为 [0, 0, 0]；getUp() | setUp（[x, y, z]）决定 Camera 正上方向，该参数一般较少改动，默认值为 [0, 1, 0]；getNear() | setNear（near）决定近端截面位置，默认值为 10；getFar() | setFar（far）决定远端截面位置，默认值为 10000；getAspect() | setAspect（aspect）决定截头锥体的宽高比，该参数默认自动由屏幕的宽高比决定，一般不需要设置。near 和 far 虽可根据实际场景任意调节，但建议在可接受的范围内，让 near 和 far 越接近越好，有助于避免 Z - fighting 产生精度问题。

透视投影是为了获得接近真实三维物体的视觉效果而在二维的纸或者画布平面上绘图或者渲染的一种方法,也称为透视图。透视使得远的对象变小、近的对象变大、平行线出现相交等,更接近人眼观察的效果,如图 3.3.6 所示。

正交投影也叫正交视图,如图 3.3.7 所示,在这种投影方式下,物体不管远近看起来都是同样大小,屏幕成像让人感觉与人眼观察效果不一样。正交投影在建模过程很有用,它提供了对场景更"技术"的视觉,让它易于绘制和判断比例。正交投影的大部分参数和透视投影一样,但没有 fovy 参数,取而代之的是 orthoWidth 参数。isOrtho()｜setOrtho(ortho) 决定是否为正交投影,默认值为 false;getOrthoWidth()｜setOrthoWidth(orthoWidth) 决定宽度,即 left 和 right 之间的距离,默认值为 2000。

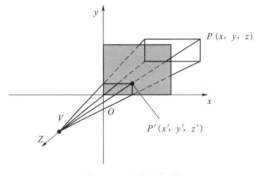

图 3.3.6　透视投影

图 3.3.7　正交投影

3.3.3.2　3D 面板界面创建

案例中 3D 面板是用定义节点图形的方式建立的,先在需要面板的位置创建面板图形节点,然后通过 setImage 方式定义图形风格,可以根据不同的需要更改代码来设置面板的样式,效果如图 3.3.8 所示。

图 3.3.8　3D 面板

3.3.3.3　3D 面板属性设置

3D 面板 shape 定义为 billboard,shape3d. image 默认值为 undefined,billboard 使用

的贴图可以是一个 2D 的 json 图标矢量或者 .png 等格式的静态图片。对面板添加贴图,
all. color 设置面板整体色彩,shape3d. transparent 设置是否透明,3d. movable 设置是否
可移动。autorotate 默认值为 false,决定 billboard 是否始终面向相机,可设为 true 或 x、
y、z,其中 y 代表限定沿着 y 轴转动。texture. scale 默认值为 1,3D 矢量贴图的大小比例
如设置值为 2,分辨率是 64×64,生成的 3D 贴图的分辨率是 128×128。参考代码如下:

```
node 面板 .s({
'shape3d': 'billboard',
'shape3d. image': imageName,
"all. color": "#DDDDDD",
"shape3d. transparent": true,
"shape3d. reverse. flip": true,
"shape3d. image. cache": false,
    "2d. movable": false,
    "3d. movable": false,
    "autorotate": true
});
```

3.3.3.4 场景动态响应

(1) 动态响应介绍。场景动态响应通过开发库中调度任务实现,调度进行的流程是先
通过 dataModel 添加调度任务,dataModel 会在调度任务指定的时间间隔到达时遍历
dataModel 所有图元回调调度任务的 action 函数,然后在该函数中对传入的 Data 图元做
相应的属性修改以达到动画效果。addScheduleTask(task)添加调度任务,其中 task 为
json 对象,可指定如下属性:interval,间隔毫秒数,默认值为 10;enabled,是否启用开
关,默认为 true;beforeAction,调度开始之前的动作函数;action,间隔动作函数,对
dataModel 上的每个 data 节点都会执行一次 action 操作;afterAction,调度结束之后的调
度函数。blinkTask 在 500ms 的间隔交替改变 color 的值。

除 removeScheduleTask(task)删除调度任务可停止该任务外,调度任务的 json 参
数对象上的 enabled 属性也可控制调度任务的启停。如果该属性未设置,则默认在
addScheduleTask 时设置为 true,用户可通过明确设置为 false 进行关闭。在 action 的调度
处理中,仅对 data===mac 的图元进行动画设计,因此调度的启停也可在 action 中,根
据具体图元的属性信息做更细粒度的开关控制。

(2) 建立动画。案例中设置警戒值为 80,ap 为服务器获取的对应数据,代码中根据
if 条件对数据进行反馈,一旦超出警戒值 80,则警示牌亮起并闪烁。

数据对比的启停可通过 removeScheduleTask、设置任务对象的 enabled 属性以及对
action 动作做过滤处理这 3 种方式来实现,用户可根据具体场景选择最合适自己项目的设
计方式。参考代码如下:

```
blinkTask = {
            interval: 300,
            action: function(data){
```

```
        if (ap>80){
            if(data. a('blink. enabled')){
                data. a('blink. visible',! data. a('blink. visible'));
            }
        }
    }
};
dataModel. addScheduleTask(blinkTask);
var blinkNode = createNode('Blink Node', 80);
blinkNode. a({
    'blink. enabled': true,
    'blink. visible': true,
    'alarm. color': 'red'
});
    if(ap<80){
        blinkNode. a('blink. visible',false)
    }
blinkNode. addStyleIcon('alarm', {
    position: 24,
    width: 280,
    height: 280,
    names: ['alarm - triangle']
});
blinkNode. p3(- 2600, 370, 3690);
```

动态响应警报效果如图 3.3.9 所示。

图 3.3.9　动态响应警报

3.3.3.5　3D 面板数据对接

（1）URL 的基本概念。统一资源定位符（uniform resource locator，URL）俗称网址，用来标识某个资源在网络中的唯一位置，组成部分有通信协议、域名（服务器地址）、资源（文件）的具体位置。

（2）请求和响应的流程。任意的一次网络访问（访问网站根目录、img 加载、audio 加载、link 标签等）都按照以下 3 个步骤进行：①请求，客户端请求服务器；②处理，服务器的内部处理；③响应，服务器响应客户端。

浏览器的 Network 面板用来检测浏览器发出的每次请求以及响应内容。打开方式为：双击浏览器→按 F12→点击 Network→进行操作。Network 面板左侧为所有请求的列表，顶部具有请求的筛选功能，选择某一条请求后，可以查看请求的具体内容，例如 request 请求、response 响应等。

（3）资源的请求方式（get、post）。请求类型有 get()和 post()。get()用来进行获取资源的请求操作，可以获取图片、音视频、JavaScript（JS）文件、CSS 文件、location.href、a 标签等。get 请求受限制于浏览器对 URL 的限制，且只能发送文本格式数据。post()用来进行发送资源的请求操作，表单提交 form 标签［get()、post() 均可］。post 请求理论上无大小限制，实际上受限制于服务端实际的业务需求和处理能力。post 请求不限制发送的数据格式，服务器会根据业务需求进行处理。异步 JavaScript 和 XML（asynchronous JavaScript and XML，ajax）也可以发送 get 和 post 请求。

（4）ajax 简介。ajax 是用来发送请求的一种方式，实现方式为浏览器提供了一个 XMLHttpRequest 的构造函数，创建的对象用来进行 ajax 操作，特点是无需刷新页面，也可以请求响应处理（局部刷新）。

同步任务即代码按顺序从上往下一个一个执行，除了异步任务都是同步任务。某些任务较为耗时，或执行时间不确定，为了避免卡住（阻塞）后续代码，设置为异步任务。常见异步任务有定时器和 ajax，异步任务的执行一定晚于同步任务。

（5）jQuery 中的 ajax 操作。

1）$.get()的使用。

a. 没有请求参数，不接收响应数据。

$.get(地址)；//通过浏览器调试工具的 network 查看请求的细节和响应的数据

$.get('http://water.gkaitech.com/get_last_sensor_frame? dev_name=DEVMA0136')；

b. 没有请求参数，接收响应数据。

$.get(地址, function(res) {

//响应接收完毕后,执行回调函数

//res 代表响应的数据,如果 res 为 .json 格式,jQuery 会自动转换为 JS 对象

});

$.get('http://www.liulongbin.top:3006/api/getbooks', function (res) {

//响应完成后,触发这个回调函数

//回调函数的参数表示响应的数据,一般称为 response 或 res

59

```
console.log(res);
});
```

c. 有请求参数,接收响应数据。请求参数:请求中发送给服务端的数据,是一个对象。

```
$.get(地址,请求参数组成的对象,回调函数);
$.get('http://www.liulongbin.top:3006/api/getbooks', {id:2}, function (res) {
console.log(res);
});
```

2) $.ajax() 的使用。

a. 使用 $.ajax() 发送 GET 请求。

```
$.ajax({
    type: 'GET', // 默认为 GET,一般发送 GET 请求时,都不设置 type
    url: 'http://192.168.141.45:3005/common/get',
    data: {
        name: 'jack',
        age: 18,
        gender: '男'
    },
    success: function (res) {
        console.log(res);
    }
});
```

其中,type 表示请求方式,默认为'GET',可以设置为'GET'/'POST';url 表示请求地址,且该属性必须设置;data 表示请求参数,对象结构;success 表示响应成功时的处理函数;res 参数表示响应内容。

b. 使用 $.ajax() 发送 POST 请求。

```
$.ajax({
    type: 'POST',
    url: 'http://192.168.141.45:3005/common/post',
    data: {
        width: 200,
        height: 600,
        bgc: 'red'
    },
    success: function (res) {
        console.log(res);
    }
});
```

$.ajax() 是 jQuery 中设置的一个用来进行 ajax 请求发送的方法, $.get()、$.post

（）只是调用了＄.ajax（）实现的功能。

3.3.3.6 接口的概念

接口指的是能够提供某种能力的事物。应用程序编程接口（API）是指提供应用程序编程能力的事物，WebAPI 是浏览器提供的与 Web 开发相关的一些 API，本质上就是一堆属性、方法；内置对象 API 是 JS 解析器提供的用于 JS 基础语法操作的一些 API，本质上也是一些属性、方法。

浏览器有两个主要构成部分：①内核（渲染引擎），包括 HTML 和 CSS 渲染，WebAPI；②JS 解析器，执行 ECMAScript。

数据接口是能够提供数据的一种事物，表现形式就是一个 URL。简单来说，能够提供数据的一个 URL 就称为数据接口。当进行前端和后端（服务器）交互时，所说的"接口"就是指数据接口。

3.3.3.7 时间戳格式化方法

时间戳格式化的方法有很多，在不同代码中有不同体现，举例如下：

```
function dateFormat(timestamp) {
var time = new Date(parseInt(timestamp));
var y = time.getFullYear();
var m = time.getMonth() + 1;
m = m > 9 ? m : '0' + m;
var d = time.getDate();
d = d > 9 ? d : '0' + d;
var h = time.getHours();
h = h > 9 ? h : '0' + h;
var mm = time.getMinutes();
mm = mm > 9 ? mm : '0' + mm;
var s = time.getSeconds();
s = s > 9 ? s : '0' + s;
return y + '-' + m + '-' + d + ' ' + h + ':' + mm + ':' + s;
}
var time=1575808501208;
time=dateFormat(time);
```

3.3.3.8 表单 form

表单在网页中主要负责数据采集功能。HTML 中的标签用于采集用户输入的信息，由于标签的 submit（提交操作）会发生跳转，页面之前的状态和数据会丢失，用户体验很差。经常使用表单进行数据采集（用输入框等元素获取输入内容），使用 ajax 请求发送。

（1）表单的组成部分。

1）form 标签。

2）表单域，有 input、textarea、select 等。

3）提交按钮，代码格式如下：

＜input type＝"submit"＞

＜button type＝"submit"＞提交＜/button＞

如果希望 button 不进行提交操作，只是普通按钮，可以设置 type 为 button。

（2）form 标签的属性。

1）action，action 属性的值是一个 URL，定义向何处提交表单，默认值为当前页面的 URL。

2）target，规定在何处打开 action URL。＿self 默认在本窗口打开，＿blank 在新窗口打开。

3）method，规定以何种方式把表单数据提交到 action URL、get 和 post。

4）enctype，规定在发送表单数据之前如何对数据进行编码，在涉及文件上传的操作时，必须将 enctype 的值设置为 multipart/form – data。

3.3.3.9　设置 3D 场景点击事件

案例中要点击的模型标签设置为"123"。具体代码如下：

```
g3d. mi(function (e) {
    if (e. kind === 'clickData') {
        for (var i = 1; i <= 123; i++) {
            if (e. data. getTag() === 'tag' + i) {
                //点击拉近场景
                g3d. flyTo(e. data, {
                    animation: true,
                    distance: 1500,
                });
                //选中模型实化
                e. data. setStyle('shape3d. transparent', false);
                e. data. setStyle('shape3d. opacity', 1);
                //其他模型透明化
                dataModel. each(data => {
                    if (data. getTag() ! = 'tag' + i) {
                        data. setStyle('shape3d. transparent', true);
                        data. setStyle('shape3d. opacity', 0. 3);
                    }
                })
            }
        }
    }
});
```

实现效果如图 3.3.10 所示。

图 3.3.10 周围模型透明效果图

3.4 城市模型的建立

对于大范围城市模型的建立，用传统的建模方式不但耗时较长，而且建立的模型文件占据内存空间较大，不便于加载，所以通常利用 CityEngine 软件来实现城市建模。CityEngine 软件可以利用现有的 GIS 数据，实现道路及城市建筑物的快速建模，同时可以导出如 .obj、.fbx 等格式的三维模型文件，而且所占内存较小，对城市模型的建立有巨大的作用。

下面以河海大学江宁校区模型为例，介绍城市模型的建立。

3.4.1 卫星底图的获取

利用谷歌地球或其他软件，下载所需要的带有地理坐标的卫星底图数据。图 3.4.1 为河海大学江宁校区的卫星底图。

图 3.4.1 河海大学江宁校区卫星底图

将带地理坐标的卫星底图添加到 CityEngine 软件中，即可生成对应的场景。将卫星底图导入 CityEngine 软件中的场景如图 3.4.2 所示。

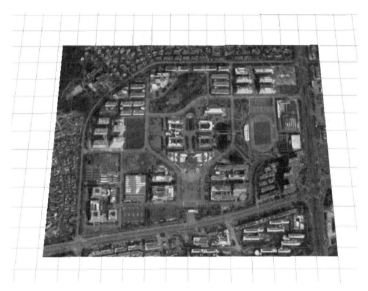

图 3.4.2　将卫星底图导入 CityEngine 软件中的场景

3.4.2　道路模型的建立

由于 CityEngine 软件具有兼容性，可以利用 GIS 数据快速生成所需区域的道路模型。利用 Openstreetmap 官网提供的下载功能，可以自由下载所需地区的道路网模型，为 .osm 格式，再将其导入 CityEngine 软件中，并分配规则文件，即可生成对应的道路模型。图 3.4.3 为下载的区域道路网 osm 文件。图 3.4.4 显示了将 osm 文件导入 CityEngine 中生成的道路模型。

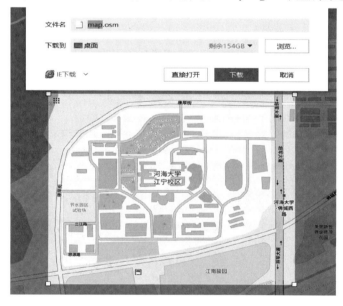

图 3.4.3　下载的区域道路网 osm 文件

图 3.4.4　将 osm 文件导入 CityEngine 中生成的道路模型

　　同时，导入建立的道路网分配规则文件，即可生成最终的道路模型。道路网分配规则文件如图 3.4.5 所示，最终生成的道路模型如图 3.4.6 所示。

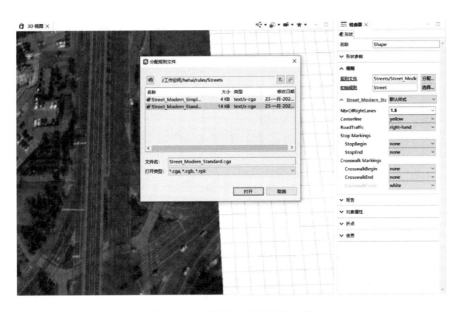

图 3.4.5　道路网分配规则文件

　　另外，可通过修改规则文件 Street _ Modern _ Standard.cga 的贴图代码，对道路模型实现贴图替换，达到更美观的效果。修改后的贴图代码如图 3.4.7 所示，美化后的道路模型如图 3.4.8 所示。

图 3.4.6　最终生成的道路模型

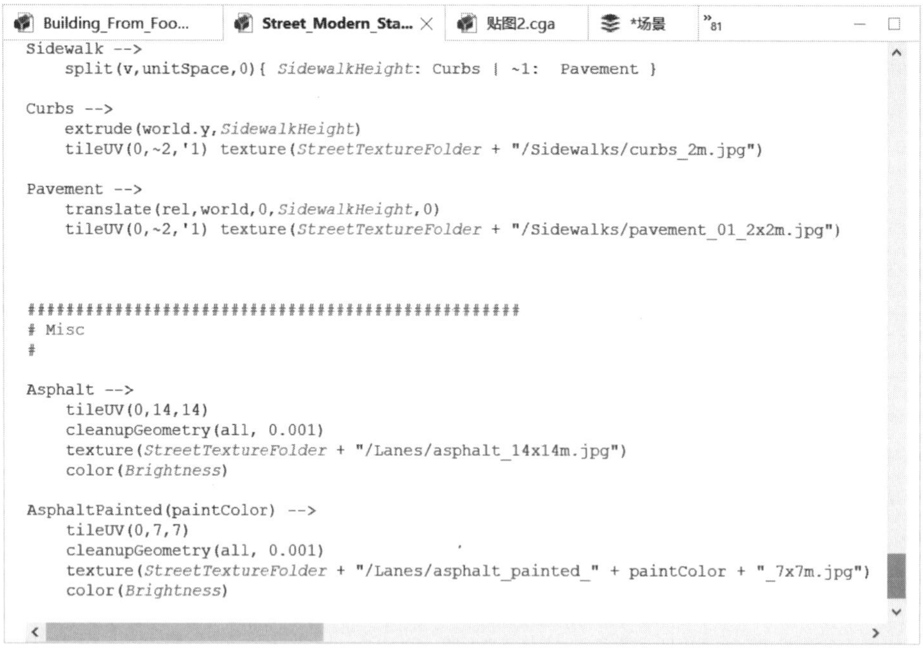

```
Building_From_Foo...    Street_Modern_Sta... ×    贴图2.cga    *场景    »81    —  □

Sidewalk -->
    split(v,unitSpace,0){ SidewalkHeight: Curbs | ~1:  Pavement }

Curbs -->
    extrude(world.y,SidewalkHeight)
    tileUV(0,~2,'1) texture(StreetTextureFolder + "/Sidewalks/curbs_2m.jpg")

Pavement -->
    translate(rel,world,0,SidewalkHeight,0)
    tileUV(0,~2,'1) texture(StreetTextureFolder + "/Sidewalks/pavement_01_2x2m.jpg")


#####################################################
# Misc
#

Asphalt -->
    tileUV(0,14,14)
    cleanupGeometry(all, 0.001)
    texture(StreetTextureFolder + "/Lanes/asphalt_14x14m.jpg")
    color(Brightness)

AsphaltPainted(paintColor) -->
    tileUV(0,7,7)
    cleanupGeometry(all, 0.001)
    texture(StreetTextureFolder + "/Lanes/asphalt_painted_" + paintColor + "_7x7m.jpg")
    color(Brightness)
```

图 3.4.7　修改后的贴图代码

图 3.4.8　美化后的道路模型

3.4.3　建筑模型的建立

CityEngine 中建筑模型是通过建筑物底部轮廓拔模以及用代码设置坐标的形式建立起来的。图 3.4.9 为河海大学江宁校区建筑物底部轮廓。

图 3.4.9　河海大学江宁校区建筑物底部轮廓

同时，建筑物的建立是通过 CityEngine 自带的 CGA 编程规则来实现的，其包含了对楼高、外形及贴图等的定义。某建筑物的建模代码如图 3.4.10 所示。

```
Lot-->    extrude(26)A
A-->      comp(f){top:a1|front:a4|back:a4|left:a3|right:a3|bottom:a5}
a3-->     //
          setupProjection(0,scope.xy,54,26)
          texture("建筑贴图/23_cropped.jpg")
          projectUV(0)

a4-->     //
          setupProjection(0,scope.xy,22,26)
          texture("建筑贴图/24_cropped.jpg")
          projectUV(0)

a1-->     offset(-0.5)b1
b1-->     comp(f){inside:b2|border:b3}
b3-->     extrude(0.8)b4
b4-->     comp(f){all:b5}
b5-->     //
          setupProjection(0,scope.xy,2,2)
          texture("屋顶/grey01.jpg")
          projectUV(0)

b2-->     //
          setupProjection(0,scope.xy,scope.sx,scope.sy)
          texture("屋顶/grey01.jpg")
          projectUV(0)
```

图 3.4.10　某建筑物的建模代码

最终通过这一完整的建模过程建立了河海大学江宁校区完整模型，如图 3.4.11 所示。

图 3.4.11　河海大学江宁校区完整模型

3.5　动 态 模 型 的 建 立

3.5.1　动画简介

动画制作分为 2D 动画制作、3D 动画制作和定格动画制作。动画制作应用的范围不仅仅是动画片制作，还包括影视后期、视觉特效等方面。

在显示器上看到的动画，每一帧变化都是由 GPU 或 CPU 绘制出来的。它的最高绘制频率受限于显示器的刷新频率，大多数是 60 Hz 或者 75 Hz。

通常在前端实现动画效果的几种主要方式如下：

（1）HTML5：使用 HTML5 提供的绘图方式（Canvas、svg、webgl）。

（2）JavaScript：通过定时器（setTimeout 和 setInterval）来改变元素样式，或者使用 requestAnimationFrame。

（3）CSS3：Transition 和 Animation 都是 CSS3 中实现动画效果的属性。

3.5.1.1　HTML5 - Canvas 动画

使用 HTML5 的 Canvas 画布能够快速实现简单的动画效果，基本原理如下：每隔一定时间绘制图形并且清除图形，用来模拟一个动画过程，可以使用 context. clearRect（0，0，x，y）方法刷新需要绘制的图形。基本步骤首先是绘制图形，之后每隔一定时间清除画布内容，并且重新计算绘制图形位置，一旦超过了画布大小，则反转坐标绘制图形。

3.5.1.2　JavaScript 动画

JavaScript（JS）是一种具有函数优先性质的轻量级、解释型或即时编译型的编程语言，它已经被广泛用于 Web 应用开发，常用来为网页添加各式各样的动态功能，为用户提供更流畅、美观的浏览效果。

在 JavaScript 中没有帧的概念，通常通过 setTimeout() 和 setInterval() 这两个方法来实现类似的效果。

（1）setTimeout（callback，time）：延迟一段时间（time/ms）后执行对应的方法 callback，只执行一次。

（2）setInterval（callback，time）：延迟一段时间（time/ms）后执行对应的方法 callback，循环执行，直到取消。

JavaScript 动画是作为代码的一部分内联编写的，还可以将它们进一步封装在其他对象中。

3.5.1.3　CSS3 动画

CSS3 的语法是建立在 CSS 原先版本基础上的，它允许使用者在标签中指定特定的 HTML 元素而不必使用多余的 class、ID 或 JavaScript。CSS 选择器中的大部分并不是在 CSS3 中新添加的，只是在之前的版本中没有得到广泛的应用。

CSS3 动画分为 Transition 和 Animation 两种，它们都是通过持续改变 CSS 属性值产生动态样式效果。Transition 功能支持属性从一个值平滑过渡到另一个值，由此产生渐变的动态效果；Animation 功能支持通过关键帧产生序列渐变动画，从而可以在页面上生成多帧复杂的动态效果。Transition 中的动画属性主要通过设定某种元素在某段时间内的变化实现一些简单的动画效果，让某些效果变得更加具有流线性与平滑性。在 CSS3 中，使用 Animation 属性能够实现更复杂的样式变化以及一些交互效果，而不需要使用任何 Flash 或 JavaScript 脚本代码。过渡与动画的出现，使 CSS 在 Web 前端开发中不再仅仅局限于简单的静态内容展示，而是通过简单的方法使页面元素动起来，实现元素从静到动的变化。

另外，CSS3 新增的变换属性 Transform 支持改变对象的位移、缩放、旋转、倾斜等变换操作。本书通过自定义函数封装实现基于 CSS 动画原理的更为复杂且逼真的特效动画。

CSS2DTransform 表示 2D 变换，目前获得了各主流浏览器的支持。Transform 属性语法格式如下：

$$Transform:none \mid <transform-function> [<transform-function>] *;$$

其中，Transform 属性的初始值是 none，适用于块元素和行内元素；$<transform-function>$设置变换函数，可以是一个或多个变换函数列表。

3.5.1.4　综合对比

用 CSS 制作动画是让元素在屏幕上移动的最简单的方法；使用 JavaScript 创建动画更加复杂，但它通常为开发人员提供更强大的功能。选择哪种方法完全取决于想要达到的效果。

如果动画只是简单的状态切换，不需要中间过程控制，CSS 动画是优选方案。它可以将动画逻辑放在样式文件里面，而不会让页面充斥着 JavaScript 库。然而如果设计很复杂的富客户端界面或者开发一个有着复杂 UI 状态的 App，应该使用 JS 动画，这样动画制作可以保持高效，并且工作流也更可控。所以，在实现一些小的交互动效的时候，应多考虑 CSS 动画。对于一些复杂控制的动画，则使用 JavaScript 比较可靠。

3.5.2　设计 2D 变换

在用 CSS 制作动态特征动画时，如果用 JS 设置 style，不但要处理动画本身，还要考虑浏览器兼容性，动画完成之后还要做一些清理工作，这样一来，不仅代码量偏多，逻辑也较为复杂。为此，本书通过自定义函数封装，定义了 offset、setOffset 等相关偏移函数，只需引入相关插件，就可以实现更加清晰简洁的动画编程。

插件基本框架如下：

```
Dt. Default. animate('#mydiv')
        . set(prop, propValue)
        . end(function(e) {
            console. log(e);//动画结束后的自定义逻辑
        });
```

animate 函数的参数可以是 CSS 选择器，也可以是 dom 对象，之后可以链状操作多个样式。

基于动画 2D 变换原理及自定义函数插件可对模型中河网设置水面平流动效。

3.5.2.1　新建图元并添加至模型容器

建立河网水流模型时通常建立 Dt. shape 图元中的墙面类型，并对其进行各项属性设置（详见 3.5.2.5 节），以实现水面及其流动效果。

代码如下：

```
River = new Dt. Shape();
dataModel. add(River);
```

3.5.2.2 寻找合适贴图及格式编码转换

为了尽可能与实际物理模型一致以在达到逼真的效果，建模时需要根据具体模型选择合适的贴图，贴图可通过网络搜索及在各建模软件官方资源商店购买获得。

通过专业转码程序将所确定的贴图转为 Base64 编码字符串，Base64 编码基于 64 个可打印字符来表示二进制数据，可实现在 HTTP 环境下传递较长的标识信息。

转码程序如下：

```
<script>
var img=document. getElementById('img');
function tobase64() {
var fileReader =new FileReader();
fileReader. readAsDataURL(img. files[0]);
fileReader. onload = function() {
var imgBase64Data =this. result;
document. getElementById('base64String'). value =imgBase64Data;
    }
}
</script>
```

3.5.2.3 注册图片

注册图片代码如下：

Dt. Default. setImage(name，width，height，img)

注册图片属性见表 3.5.1。

表 3.5.1 注 册 图 片 属 性

名 称	类 型	属 性	描 述
名称	字符串		图片名称
宽度	数字	〈可选择的〉	图片宽度
高度	数字	〈可选择的〉	图片高度
图片格式	HTML 图元素｜HTML 动画元素｜字符串｜对象		Img、canvas 对象、图片 URL 或 Base64 编码字符串或矢量对象

3.5.2.4 河网路径设置

Dt. Shape 类型在 GraphView 组件上用于呈现多边形图元，其形状主要由 points 和 segments 这两个属性描述。points 为 Dt. List 类型数组的顶点信息，顶点为 {x：100，y：200} 格式的对象；segments 为 Dt. List 类型的线段数组信息，为 1～5 的整数，分别代表不同的顶点连接方式。若 segments 为空，则 points 数组中的顶

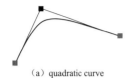

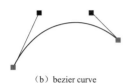

图 3.5.1　曲线点连接
方式示例

点按数组顺序依次直线连接，因此直线段的类型无需设置 segments 参数。segments 主要用于需要绘制曲线，或者有跳跃断点的情况，segments 属性为 Array 或 Dt. List 类型，用于描述点连接样式，数组元素为整型值。曲线点连接方式如下：

（1）move，占用 1 个点信息，代表一个新路径的起点。

（2）line，占用 1 个点信息，代表从上次最后点连接到该点。

（3）quadratic curve［图 3.5.1（a）］，占用 3 个点信息，第 1 个点为起点，第 2 个点为曲线控制点，第 3 个点为曲线结束点。

（4）bezier curve［图 3.5.1（b）］，占用 4 个点信息，第 1 个点为起点，第 2 个和第 3 个点为曲线控制点，第 4 个点为曲线结束点。

（5）closePath，不占用点信息，代表本次路径绘制结束，并闭合到路径的起始点。

3.5.2.5　shape 图元属性设置

处于墙面类型时，模型相当于长条的六面体，因此可通过 all. *、left. * 或 right. * 等六面体参数进行属性参数控制。图元属性包括基本属性和样式属性。

在图元基本属性设置中可设置如下方面：

（1）图元纵向坐标高度（elevation），一般通过 wall. setElevation（wall. getTall（）/2）的方式将墙面图元设置在海平面上。

（2）图元厚度（thickness），当 thickness 属性大于 0 时，可呈现为墙面效果的多边形模型。

（3）墙面高度（tall），要显示水流效果贴图时，通常将该值取较小值。

（4）坐标偏移（translate），格式为 translate（tx，ty），可在当前坐标的基础上增加 x、y 两个方向的平移值。

在图元样式属性中可设置如下方面：

（1）曲线微分片数 shape3d. resolution，值类型为 number，值越大则路径设置越精细。

（2）填充重复背景的图片 shape. repeat. image，不支持矢量图片。

（3）边框宽度 shape. border. width，默认值为 0，表示不绘制边框。

（4）边框颜色 shape. border. color。

（5）边框末端线帽的样式 shape. border. cap，可选参数为 butt｜round｜square，如图 3.5.2 所示。

（6）shape. border. join 边框，当两条线交会时创建边角的类型，可选参数为 miter｜round｜bevel，如图 3.5.3 所示。

（7）贴图重复长度 repeat. uv. length，设置该参数后，贴图会根据图形大小自动调节平铺图片数，而且还能与其他同型参数进行叠加。

（a）'butt'cap　　（b）'round'cap　　（c）'square'cap

图 3.5.2　边框末端线帽样式

（a）'miter'join　　（b）'round'join　　（c）'bevel'join

图 3.5.3　框线交会边角类型

3.5.2.6　设置偏移动画

为了实现河网水面平流的动态效果，通常对水流贴图添加 UV 贴图偏移动画，U、V 分别对应竖直及水平方向标度，具体步骤如下：

（1）设置初始偏移量 offset。初始偏移量是指贴图的起始位置与原始位置之间的差值与贴图长度的比值，取值为 0~1（大于 1 时取最大值 1），取值越大，初始偏移比例越大。

（2）定义偏移函数 function()。在初始偏移量的基础上设置步进值，步进值为负值则代表偏移量逐渐减少，即贴图沿着偏移减少的方向移动；步进值为正值则代表偏移量逐渐增多，即贴图沿着偏移增多的方向移动。也可设置步加（offset＋＝）或者步减（offset－＝），同时步进值始终取正值，可达到同样效果。

（3）添加定时器。在 setInterval（code，interval）定时器中，参数 code 表示要周期性地执行的代码字符串，可以调用一个 function 函数；参数 interval 表示周期性地执行的时间间隔，单位为 ms。

setInterval（）能够周期性地执行指定的代码，如果不加以处理，则该代码将被持续执行，直至浏览器窗口关闭，故可以实现水流持续不断的流动效果。

偏移代码示例如下：

```
offset = 0.6;
setInterval(function(){
offset -= 0.01;
Shapename. s('top. uv. offset', [offset, 0]);
}, 200);
```

3.5.2.7　综合源代码

河网平流动效综合源代码如下：

```
River = new Dt. Shape();
dataModel. add(River1);
River. setPoints([
    {x:-532, y:-75},
    {x:-532, y:0},
    {x:-805, y:220},
    {x:-805, y:500},
    {x:-809, y:550},
    {x:-795, y:565}
]);
```

```
River. setSegments([1，2，2，2，3]);
River. setThickness(240);
River. setTall(2);
River. setElevation(555);
River. translate(20,0,0);
River. s({
        'shape3d. resolution'：40,
        'shape. border. width'：30,
'repeat. uv. length'：256,
        'top. image'：'river2',
});
offset = 0.6;
setInterval(function(){
        offset -= 0.01;
        River. s('top. uv. offset', [offset，0]);
}，200);
```

3.5.2.8　水文站浑浊度监测模拟动效

水文监测是指利用科学方法对自然界中水的时空分布、变化规律进行监控、测量、分析以及预警等的一个复杂而全面的系统工程，用于对江、河、湖泊、水库、渠道和地下水等进行实时监测，监测内容包括水位、流量、流速、降雨（雪）、蒸发、泥沙、冰凌、墒情、水质等。

浑浊度，简称浊度，计量单位为 NTU，用于表征水中悬浮物质等阻碍光线透过的程度。水中的颗粒物质如黏土、污泥、胶体颗粒、浮游生物及其他微生物越多，浑浊度越高。浑浊度是衡量水质良好程度的重要指标之一。下面主要介绍浑浊度监测模拟中较为重要的几点。

（1）Node 节点图元类型。Dt. Node 类型是 GraphView 和 Graph3dview 呈现节点图元的基础类，继承于 Data 类。Node 除了显示图片外，还能显示多种预定义图形。其部分相关 GraphView 拓扑图函数属性如下：

1）getPosition()和 setPosition（｛x：100，y：200｝）获取和设置图元中心点坐标。

2）getImage()和 setImage（image）获取和设置图片信息，在 GraphView 拓扑图中图片一般以 position 为中心绘制。

3）getWidth()和 setWidth（width）获取和设置图元宽度，若未设置则为 image 对应的图片宽度。

4）getHeight()和 setHeight（height）获取和设置图元高度，若未设置则为 image 对应的图片高度。

5）getSize()和 setSize（10，20 | ｛width：10，height：20｝）获取和设置图元宽高信息。

在进行水文站湖面建模时，使用 Node 节点图元，Dt. Node 新建拓扑节点图元，给定图元名称，设置位置及大小，设置图元透明度属性，并对各项属性设置初始值，最后添加至数据模型容器。

相关代码如下：

```
NTU = new Dt. Node();
dataModel. add(NTU);
NTU. s3(100, 1, 300);
NTU. p3(925, 2.5, 230);
NTU. s({
    'all. transparent': true,
    'all. reverse. cull': true,
    'all. image': 'yellowriver',
    'all. opacity': 0,
    'wf. visible': false,
    'wf. color': 'red'
});
```

（2）表单面板组件。开发库提供了表单面板组件，该组件具备布局组件功能，添加到表单面板的组件可为普通的 HTML 元素，也可为开发库内置的任意视图组件。表单面板组件以添加行的模式设计，每行添加任意定义组件，通过指定每个组件的宽度信息，以及每行的高度信息，实现对所有组件的整体布局。对于更复杂的界面可通过嵌套表单面板来实现。

使用表单面板组件前需引入一个 Dt‐form. js 的表单插件库，基本框架如下：

＜script src＝"Dt‐form. js"＞＜/script＞

new FormPane()语法框架如下：

```
FormPaneName = new Dt. widget. FormPane();
FormPaneName. setWidth(Widthvalue);
FormPaneName. setHeight(Heightvalue);
FormPaneName. getView(). className = 'formpane';
document. body. appendChild(formPane. getView());
```

（3）滑动条。Dt. widget. Slider 为滑动条类表单，其主要可配置属性和函数如下：

1）value：通过 getValue 和 setValue 获取和设置当前值，为 number 类型。

2）min：通过 getMin 和 setMin 获取和设置最小值，为 number 类型。

3）max：通过 getMax 和 setMax 获取和设置最大值，为 number 类型。

4）step：通过 getStep 和 setStep 获取和设置步进值，为 number 类型，值为空则表示连续。

5）button：通过 getButton 和 setButton 获取和设置滑动条按钮图标。

6）thickness：通过 getThickness 和 setThickness 获取和设置滑动条粗细，为 number 类型。

7）padding：通过 getPadding 和 setPadding 获取和设置滑动条水平边界间距，为 number 类型。

8）disabled：通过 isDisabled 和 setDisabled 获取和设置功能的启用状态。

9）instant：通过 isInstant 和 setInstant 获取和设置是否处于即时状态，默认为 true，

表示作为表格和属性页的编辑器时，将实时改变模型值。

（4）设置滑动条。通过设置滑动条，控制浑浊度值。设置滑动条最小值为 0，最大值为 0.7，则浑浊度将在 0～0.7 之间动态改变。设置拖动步进值为 0.01 时，随着拖动控制，滑动条将在最小间隔 0.01 个单位值下渐变。浑浊度滑动条如图 3.5.4 所示。

（5）创建字段值变化监测事件。事件处理函数是一类特殊的函数，与函数直接量结构相同，且一般没有明确的返回值，主要任务是实现事件处理，为异步调用，由事件触发进行响应。

图 3.5.4　浑浊度滑动条

Change 事件类型在表单元素发生变化时触发，将 NTU 节点图元中基本属性 opacity 与滑动条绑定。当滑动条发生变化时，getValue()函数实时获取的值将赋值给 opacity，故可以实现滑动条与湖面浑浊度实时联动，动态显示浑浊效果。

相关代码如下：

```
formPane. addRow([
    'Opacity',
    {
        slider：{
            min：0,
            max：0.70,
            step：0.01,
                value：0,
            onValueChanged：function(){
                NTU. s('all. opacity', this. getValue());
            }
        }
    }
], [0.1, 0.15]);
```

（6）实时值面板显示。

1）创建水文显示面板。创建水文显示面板，仍然使用 Node 节点图元，将面板样式设置为统一注册的 "shuiwenxianshi" 样式，设置面板整体颜色为♯DDDDDD，设定 3D 图元为 billboard 公告板类型，设置图元透明属性及 2D/3D 相关属性，并开启图元随视角自动旋转，最后添加至数据模型容器。

相关代码如下：

```
var node_data_panel = new Dt. Node();
node_data_panel. p3(900, 110, 310);
node_data_panel. s3(180, 150, 80);
node_data_panel. setImage('shuiwenxianshi');

node_data_panel. s({
    'all. color'：'♯DDDDDD',
```

```
'shape3d': 'billboard',
'shape3d. image': 'shuiwenxianshi',
'shape3d. transparent': true,
'shape3d. reverse. cull': true,
'shape3d. image. cache': false,
'2d. movable': false,
'3d. movable': false,
'2d. selectable': false,
'3d. selectable': false,
'autorotate':true
});
dataModel. add(node_data_panel);
```

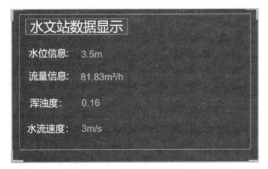

图 3.5.5　实时值面板显示

实时值面板显示如图 3.5.5 所示。

2）浑浊度数据与面板数据绑定。不仅要求浑浊度属性值与表单滑动条控制柄实时值绑定以实现动态变化，而且需要浑浊度值面板显示与滑动条及实时效果显示进行联动，最终实现浑浊度"一改三动"的动态特征。

通过 getValue（）从表单滑动条获取实时浑浊度值，再将获取的数据实时赋值给面板图片注册中所绑定的浑浊度属性数据标签"data. turbidity"，则可以实现浑浊度值实时联动显示。

相关代码如下：

```
node_data_panel. a('data. turbidity', this. getValue());
```

（7）效果预览及综合源代码。水文站浑浊度实时显示模拟效果如图 3.5.6 所示。

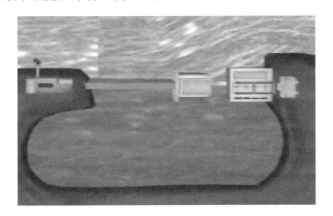

图 3.5.6　水文站浑浊度实时显示模拟效果

图 3.5.6 的动态图

水文站浑浊度实时显示综合源代码如下：

```
NTU = new Dt. Node();
dataModel. add(NTU);
NTU. s3(100, 1, 300);
NTU. p3(925, 2.5, 230);
NTU. s({
'all. transparent': true,
'all. reverse. cull': true,
// 'all. color': 'black',
'all. image': 'yellowriver',
'all. opacity': 0,
'wf. visible': false,
'wf. color': 'red'
});
var node_data_panel = new Dt. Node();
node_data_panel. p3(900, 110, 310);
node_data_panel. s3(180, 150, 80);
node_data_panel. setImage('shuiwenxianshi');
node_data_panel. s({
'all. color': '#DDDDDD',
'shape3d': 'billboard',
'shape3d. image': 'shuiwenxianshi',
'shape3d. transparent': true,
'shape3d. reverse. cull': true,
'shape3d. image. cache': false,
'2d. movable': false,
'3d. movable': false,
'2d. selectable': false,
'3d. selectable': false,
'autorotate': true
});
dataModel. add(node_data_panel);
formPane = new Dt. widget. FormPane();
formPane. setWidth(200);
formPane. setHeight(Dt. Default. isTouchable ? 132 : 100);
formPane. getView(). className = 'formpane';
document. body. appendChild(formPane. getView());
formPane. addRow([
'Opacity',
{
slider: {
```

```
min: 0,
max: 0.70,
step:0.01,
value: 0,
onValueChanged: function(){
NTU. s('all. opacity', this. getValue());
node_data_panel. a('data. turbidity', this. getValue());
}
                    }
              }
       ], [0.1, 0.15]);
```

3.5.3 设计 3D 变换

在动画中，设计 3D 变换主要使用的函数如下：

（1）3D 位移类：包括 translateZ() 和 translate3d() 函数。

（2）3D 旋转类：包括 rotateX()、rotateY()、rotateZ() 和 rotate3d() 函数。

（3）3D 缩放类：包括 scaleZ() 和 scale3d() 函数。

（4）3D 矩阵类：包含 matrix3d() 函数。

本书使用的 3D 动画插件更进一步对 3D 动画变换函数进行封装，案例系统通过 Dt. Default. startAnim 函数动态改变模型属性以达到动画效果，用户只需用描述性的说明即可自动实现动画过程。动画插件可以将图元的一个或多个属性值（如 width、height、opacity 等）从一个值平滑地缓动至另一个值，同时提供了丰富的缓动方式以实现各种效果，如闪烁、跳跃、变色等。

使用此插件之前，需要引入 Dt－animation. js 文件：

```
<script src="Dt. js"></script> <!－先引入 Dt. js—>
<script src="Dt－animation. js"></script>
```

要使用动画，首先需要调用 Dt. DataModel♯enableAnimation（interval），启动全局动画定时器，参数 interval 指定全局动画间隔，默认为 requestAnimFrame 的时间（16 ms 左右，因浏览器而异）。也就是说，如果不指定 interval 参数，DataModel 定时器每隔 16 ms 左右就会遍历自己所有的 Data，根据 Data 的 Animation 配置执行动画。

Dt. Default. startAnim 语法框架如下：

```
Dt. Default. startAnim(paramObj)
```

例如，一个简单的动画可设置为如下代码：

```
Dt. Default. startAnim({
    frames: 60,
    interval: 16,
    finishFunc: function() {
        console. log('finish');
```

```
        },
        action: function(t) {
            console.log(t);
        }
    });
```

　　startAnim 动画配置参数如下：

　　（1）property 动画要改变的图元的属性名。

　　（2）accessType property 的类型，举例如下：

　　1）null 默认类型，如 property 为 width，采用 getWidth() 和 setWidth（value）的 get/set 或 is/set 方式存取。

　　2）style，如 property 为 width，采用 getStyle（'width'）和 setStyle（'width'，value）的方式存取。

　　3）attr，如 property 为 width，采用 getAttr（'width'）和 setAttr（'width'，value）的方式存取。

　　（3）from，动画开始时的属性值。

　　（4）to，动画结束时的属性值。

　　（5）frames，动画帧数，默认为 60。

　　（6）duration，持续时间，单位为 ms；frames 和此参数只能选择一个，不可同时存在。

　　（7）interval，动画间隔，单位为 ms，如果不指定则等同于全局动画间隔；适用于当前图元的动画间隔与全局动画间隔不一致的情况。

　　（8）delay，动画延迟执行时间，单位为 ms。

　　（9）repeat，指定动画是否循环执行，如果为数字，表示循环的次数。

　　（10）easing，动画方式如下：Linear，Quad.easeIn，Quad.easeOut，Quad.easeInOut；Cubic.easeIn，Cubic.easeOut，Cubic.easeInOut；Quart.easeIn，Quart.easeOut，Circ.easeInOut；Elastic.easeIn，Elastic.easeOut，Elastic.easeInOut；Back.easeIn，Back.easeOut，Back.easeInOut；Bounce.easeIn，Bounce.easeOut，Bounce.easeInOut。

　　（11）onUpdate：function（value），回调函数，动画的每一帧都会回调此函数。

　　（12）onComplete：function()，回调函数，动画完成后执行。

　　（13）next，字符串类型，指定当前动画完成之后要执行的下一个动画，可将多个动画融合。

　　基于动画 3D 变换原理及自定义函数插件可对模型中大坝一级坝面设置水面高度升降动效。

3.5.3.1　.obj 格式

　　.obj 是一种 3D 模型文件格式，几乎所有主流 3D 建模工具，如 Blender、3ds MAX 和 Maya 都支持 .obj 格式文件的导出。

　　obj 文件一般以 .obj 为后缀名标示，描述的是模型顶点、面以及贴图坐标等几何模型相关信息；而模型的贴图以及颜色等材质信息，则由另外的 mtl 材质文件描述，一般以 .mtl 为后缀名示。

obj 文件示例片段（其中，v 代表顶点信息，f 代表面信息，usemtl 代表下面描述模型都将采用外部 mtl 文件描述的 material3 材质信息）如下：

```
v 1.187283 0.016532 0.652852
v 1.187283 0.001827 1.045301
v 1.187283 0.155480 0.618752
v 1.187283 0.106104 1.046487
v 1.187283 0.330175 0.640612
v 1.187283 0.209969 1.085557
v 1.186590 1.499776 1.191882
usemtl material3
f 9918 9919 9920 9921
f 9919 9922 9923 9920
f 9922 9924 9925 9923
f 9924 9926 9927 9925
f 9926 9928 9929 9927
f 9928 9930 9931 9929
```

mtl 文件示例片段（其中，d 代表 material3 材质透明度，Kd 代表 diffuse 颜色，贴图路径为/SmokeAlarm.jpg）如下：

```
newmtl material3
    d 0.5
    Kd 0.58 0.58 0.588
    map_Kd /SmokeAlarm.jpg
```

3.5.3.2 解析 obj 文件及导入模型注册

Dt. Default. parseObj（objText，mtlText，params）函数用于解析 obj 和 mtl 文件，解析后返回的 map 结构 json 对象中，每个材质名对应一个模型信息，模型信息格式为自定义模型格式。

（1）objText：.obj 格式的文本内容。

（2）mtlText：.mtl 格式的文本内容，无材质信息也可传入 null。

（3）params：.json 格式控制参数，有下列常用控制参数：

1）s3：大小变化参数，格式为［sx, sy, sz］。

2）r3：旋转变化参数，格式为［rx, ry, rz］。

3）rotationMode：旋转模式参数，可取以下值：

a. xyz：先进行 x 轴旋转，再进行 y 轴旋转，最后进行 z 轴旋转。

b. xzy：先进行 x 轴旋转，再进行 z 轴旋转，最后进行 y 轴旋转。

c. yxz：先进行 y 轴旋转，再进行 x 轴旋转，最后进行 z 轴旋转。

d. yzx：先进行 y 轴旋转，再进行 z 轴旋转，最后进行 x 轴旋转。

e. zxy：先进行 z 轴旋转，再进行 x 轴旋转，最后进行 y 轴旋转。

f. zyx：先进行 z 轴旋转，再进行 y 轴旋转，最后进行 x 轴旋转。

4）t3：位置变化参数，格式为 [tx，ty，tz]。

5）center：模型是否居中参数，默认为 false，设置为 true 则会移动模型位置使其内容居中。

6）cube：控制是否将模型缩放到单位 1 的尺寸范围内，默认为 false。

7）part：默认 false，将会按照材质文件的扩展名分组，即相同材质都将被批量地组在一起；若为 true 则按照 group 或 name 信息进行分组。

8）shape3d：如果指定了 shape3d 名称，则加载解析后的所有材质模型将自动构建成数组的方式，并以该名称进行注册。

要将解析后的模型信息绑定到图元，需要通过 Dt. Default. setShape3dModel（name，model）函数注册自定义 3D 模型，之后再将 style 的 shape3d 属性设置为注册的名称即可进行相应的属性设置。name 为模型名称，如果名称与预定义的一样，则会替换预定义的模型。model 为 json 类型对象。

3.5.3.3　loadObj 函数

导入模型功能需要引入 Dt - obj. js 的插件扩展包。由于本书实例需要读取 obj 文件，浏览器存在跨域安全的限制，需要通过 Web 方式发布来阅读相关案例，或者修改浏览器的参数，对于 Chrome 浏览器，可增加 allow - file - access - from - files 的启动参数。

采用 Dt. Default. loadObj 函数可更为便捷地导入 3D 模型 . obj 格式文件的功能。函数语法格式如下：

Dt. Default. loadObj（objUrl，mtlUrl，params）；

（1）objUrl：obj 文件路径。

（2）mtlUrl：mtl 文件路径。

（3）params：json 结构参数，可设置 Dt. Default. parseObj（text，mtlMap，params）第 3 个参数类型的控制信息，并增加以下参数。

1）sync：是否同步参数，默认为 false，代表异步加载；设置为 true，代表同步加载，意味着数据加载后才运行 loadObj 之后的代码。

2）finishFunc：function（modelMap，array，rawS3）{}：用于加载后的回调处理。

3）modelMap：自动调用 Dt. Default. parseObj 解析后的返回值，若加载或解析失败则返回值为空。

4）array：所有材质模型组成的数组。

5）rawS3：包含所有模型的原始尺寸。

3.5.3.4　设置模型高度升降

为了模拟大坝水面高度升降，特添加水面高度升降动画，再将后台服务器实时水面高度数据与动画中的高度属性值对应绑定，最终可以实现大坝水面高度实时动态更新。

在本书数据模型驱动图形组件的设计架构下，动画可理解为将某些属性由起始值逐渐变到目标值的过程，系统提供了 Dt. Default. startAnim 的动画函数。

Dt. Default. startAnim 支持 Frame – Based 和 Time – Based 两种方式的动画。Frame – Based 方式通过指定 frames 动画帧数，以及 interval 动画帧间隔参数控制动画效果；Time – Based 方式只需要指定 duration 的动画周期的毫秒数即可，系统将在指定的时间周期内完成动画。与 Frame – Based 方式有明确固定的帧数不同，Time – Based 方式帧数或 action 函数被调用次数取决于系统环境，一般来说系统配置更好的机器、更高效的浏览器，则调用帧数越多，动画过程更平滑。

由于 JavaScript 语言无法精确控制 interval 时间间隔，采用 Frame – Based 不能精确控制动画周期，即使 frames 和 interval 参数相同，在不同的环境下，也可能出现动画周期差异较大的问题，因此本书案例默认采用 Time – Based 的方式。

（1）设置动画参数。

```
params = {
    delay: 3000,
    duration: 20000,
    easing: function(t){
        return (t * = 2) < 1 ? 0.5 * t * t : 0.5 * (1 - (-t) * (t - 2));
    },
}
```

（2）定义联动函数。

```
action: function(v, t){
    var length = g3d. getLineLength(polyline),
        offset = g3d. getLineOffset(polyline, length * v),
        point = offset. point,
        px = point. x,
        py = point. y,
        pz = point. z,
        tangent = offset. tangent,
        tx = tangent. x,
        ty = tangent. y,
        tz = tangent. z;
        yijiba. p3(px, py, pz);
    }
```

（3）启动动画。

```
animation=Dt. Default. startAnim(params);
```

3.5.3.5　综合源代码

坝面垂直升降动效综合源代码如下：

```
Dt. Default. loadObj('yijiba. obj', 'yijiba. mtl', {
    cube: false, //将模型缩放到单位 1 的尺寸范围内
```

```
center：true,//模型是否居中
s3：[0.5，0.5，0.5],
shape3d：'yijiba',//自动将加载解析后的所有材质模型构建成数组的方式,以该名称进行注册
finishFunc：function (modelMap, array, rawS3) {//用于加载后的回调处理
window. rawS3 = rawS3;
if (modelMap) {
Dt. Default. setShape3dModel('yijiba', array);
yijiba = new Dt. Node();
yijiba. s({
'shape3d'：'yijiba',
'shape3d. scaleable'：false,
'wf. visible'：true,
'wf. color'：'white',
'wf. short'：true
});
offset = 0;
setInterval(function(){
offset -= 0.006;
yijiba. s('shape3d. uv. offset', [0, offset]);
}, 200);
dataModel. add(yijiba);
//添加动画
params = {
delay：3000,
duration：20000,
easing：function(t){
return (t *= 2) < 1 ? 0.5 * t * t : 0.5 * (1 - (-- t) * (t - 2));
},
action：function(v, t){
var length = g3d. getLineLength(polyline),
offset = g3d. getLineOffset(polyline, length * v),
point = offset. point,
px = point. x,
py = point. y,
pz = point. z,
tangent = offset. tangent,
tx = tangent. x,
ty = tangent. y,
tz = tangent. z;
yijiba. p3(px, py, pz);
node 水位 . a('node. name', (py * 1.2778). toFixed(2)+'米');
node 水位 . a('node. size', (py * 1.5). toFixed(2)+'亿立方米');
```

```
},
finishFunc：function(){
animation = Dt. Default. startAnim(params)；
}
}；
animation = Dt. Default. startAnim(params)；
                              }
                        }
                  }）；
```

3.6 传感器——终端柔性智慧水尺

传感器技术是构成现代信息技术的三大支柱之一。人们在利用信息的过程中，首先要解决的问题是获取准确可靠的信息，而传感器是获取自然和生产领域中信息的主要途径与手段。

在水利领域普遍使用的传感器是用于测量水位的水尺。现有电子水尺和普通水尺仅限在一根柱子上进行刻度标注，或通过电子感应读取数字，进行水位标识。当遇到恶劣环境条件时，人们必须靠近普通水尺去观测水位变化，仅用视觉观察的精确度不高，而且对人身安全有很大的风险和隐患；在恶劣的条件下，电子水尺电源供给十分不稳定，时常在紧急情况下需要传输数据时不能得到数据。因此有必要提供一种预警方便、精准、有多重保险报警的终端柔性智慧水尺。

终端柔性智慧水尺传感器的设计灵感来源于仿生机器鱼（bio - mimetic robot fish，又名机械鱼、人工鱼或鱼形机器人）。仿生机器鱼顾名思义即参照鱼类游动的推进机理，利用机械电子元器件或智能材料（smart material）实现水下推进的一种运动装置。鱼类是最早的脊椎动物之一，经过长期的自然选择进化出非凡的水下运动能力。鱼类的运动具有高效、高机动、低噪声等特点。国外学者很早就致力于对鱼类推进模式及仿生机器鱼的研究。对鱼类的形态、结构、功能、工作原理及控制机制等进行模仿、再造，能提高水下机器人的推进效率和速度，使水下机器人更适合在狭窄、复杂和动态的水下环境中进行监测、搜索、勘探、救援等作业。

通过对仿生机器鱼的研究，设计人员结合其多关节活动的机制，将水位、流速、流量、流向的测量与其结合，设计出了终端柔性智慧水尺，产品进化历程如图3.6.1所示。

由南京管科智能科技有限公司研发的终端柔性智慧水尺提供的硬软件设计方案，采用了专利技术，将人工智能技术和水力学模型赋能柔性电子水尺，除监测水位变化外，还可以监测流速、流量的变化，并可添加传感器进行相关监测（如对分层水质的监测）。其突出优点如下：

（1）成本低，性价比高，是新一代终端柔性智慧水尺传感器。

（2）超低功耗，可长期连续无人值守，发现异常信息及时报警，非常适合于行政管理；智能电子水尺也能够提供实时水位信息。

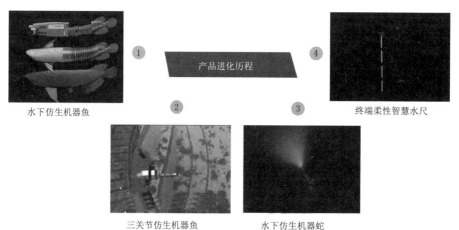

图 3.6.1 仿生机器鱼到终端柔性智慧水尺

（3）功能强大，集水位、流速（流量）、位移异动等监测于一体。

（4）稳定性好，没有零点漂移和温度漂移，安装维护方便。

终端柔性智慧水尺是适用于恶劣环境的水位测量仪器，属于电极式电子水尺，主要由主控盒、环电缆、探头和环电缆转接板组成。探测电极（不锈钢导电环）按分辨率所对应的间距安装在电极电路板上，与采集 CPU、低功耗降压电源一同被封灌在外壳中，仅触点部分露出外壳。终端柔性智慧水尺一般处于待机或断电状态，关闭测量电路以节省电源，延长使用寿命；当系统通电启动或收到测量指令后，终端柔性智慧水尺进行周期测量并通过串口上发测点状态和水位高度数据。测量时，采集 CPU 开始按规律接通不同区域电极的测量电源，依次读取测量 CPU 输入接口的状态，在数毫秒内分批扫描所有的探测电极，由计算公式计算出水尺所测量出的数据，通过数据引线传输到外部数据采集仪器上，计算出水尺最底部到水面的距离，再转换成对应的上发数据。

终端柔性智慧水尺的技术指标与特点如下：

（1）超低功耗，自带低功耗备用电池（可用 2 年），可实现长期无人值守。

（2）采用不锈钢电极与高性能密封材料并进行了特殊处理，防腐、防冻、抗老化。

（3）最大量程：15m。

（4）分辨率：有 0.5cm、10cm 两档。

（5）供电电压：2.7～3.7V。

（6）工作电流：3mA（最大）/200μA（平均）。

（7）通信接口：采用 3.3V TTL 串口通信，传输率可达 1200b/s。

（8）采样速率：1Hz。

（9）数据格式：ASCII 字符串。

（10）测量方式：电极式。

（11）环电缆长度：2m（标准长度）。

（12）防护等级：IP68。

终端柔性智慧水尺实物及工作方式如图 3.6.2 和图 3.6.3 所示。

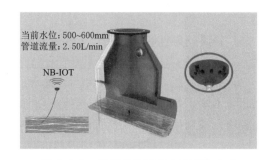

图 3.6.2 终端柔性智慧水尺实物　　　图 3.6.3 终端柔性智慧水尺工作方式

3.7 流 速 测 量 方 法

3.7.1 终端柔性智慧水尺

（1）采用流速仪对同一水域的同一测试点不同深度处的流速进行测定，获得准确值 V_{0i}，分别记为 V_{01}，V_{02}，$\cdots$，V_{0n}。

（2）采用终端柔性智慧水尺的检测尺对步骤（1）中所述同一水域的同一测试点不同深度处的流速分别进行测定，获得第 i 个角度传感器测量的角度初始值，重复测定 m 次，其中，m 为正整数，且 $m \geqslant 3$，求平均值，得出初始角度平均值 W'_{0i}。n 个角度传感器测得的初始角度平均值分别记为 W'_{01}，W'_{02}，$\cdots$，W'_{0n}。

（3）用 W'_{0i} 换算流速初始值 V'_{0i}。检测尺的受力情况如下：

$$T\cos W'_{0i}=mg \tag{3.7.1}$$

$$T\sin W'_{0i}=p\Delta S=f \tag{3.7.2}$$

$$\Delta S=2rl \tag{3.7.3}$$

式中：mg 为每一段检测尺的重量；T 为每一段检测尺受的拉力；f 为每一段检测尺受到流水的冲击力；p 为不同深度处作用于流水对应段检测尺的压强；ΔS 为每一段检测尺迎水面的面积；l 为水池长度；r 为第二绝缘壳体的外径。

流体的伯努利方程为

$$p+\rho g h_i+\frac{1}{2}\rho V'^2_{0i}=Q \tag{3.7.4}$$

式中：Q 为常量；ρ 为液体的密度；h_i 为第 i 个角度传感器对应的深度。

$$h_i=l\left(\cos W'_{01}+\cos W'_{02}+\cdots+\cos W'_{0i}\right) \tag{3.7.5}$$

由式（3.7.1）～式（3.7.5）得

$$V'_{0i}=\sqrt{\frac{2Q}{\rho}-2gl\left(\cos W'_{01}+\cos W'_{02}+\cdots+\cos W'_{0i}\right)-\frac{mg\tan W'_{0i}}{\rho l r}} \tag{3.7.6}$$

（4）对步骤（3）中的 V'_{0i} 和步骤（1）中的 V_{0i} 进行比较，得

$$V_{0i} = k_i V'_{0i} + d_i \tag{3.7.7}$$

即求得修正系数，其中，i 为正整数，$1 \leqslant i \leqslant n$；$k_i$ 为第一修正系数；d_i 为第二修正系数。

（5）将终端柔性智慧水尺置于待检测水域的待检测点，使检测尺的 0 刻度线与水平面齐平。

（6）开启电源，由于不同深度 h_i 处水的流速不同，则不同段的终端柔性智慧水尺的倾斜角度不同，每个角度传感器测得对应段终端柔性智慧水尺的倾斜角度 W_i，并传递给控制模块，控制模块将 W_i 换算成流速计算值 V'_i，套用式（3.7.6），得

$$V'_i = \sqrt{\frac{2Q}{\rho} - 2gl\ (\cos W_1 + \cos W_2 + \cdots + \cos W_i)\ - \frac{mg \tan W_i}{\rho lr}} \tag{3.7.8}$$

再根据步骤（4）中已求解的第一修正系数 k_i 和第二修正系数 d_i，套用式（3.7.7）计算不同深度处的实际流速 V_i：

$$V_i = k_i V'_i + d_i \tag{3.7.9}$$

将计算值 V_i 显示在显示屏上。

式（3.7.8）和式（3.7.9），以及第一修正系数 k_i 和第二修正系数 d_i 储存于控制模块中，构成计算模型，因此只需要将角度传感器实时检测的角度值传送给控制模块，便能够得出不同深度处液体的流速。

控制装置通过无线通信模块将检测值传送给移动端和/或上位机显示，非常方便。

与现有技术相比，终端柔性智慧水尺用多个角度传感器代替多个流速仪，不但减轻了检测尺的整体重量，大大降低了成本，且操作非常方便，效率高。采用柔性绝缘材料作为检测尺的外壳可以大大降低误差，提高精准度。

3.7.2　标准流速仪

3.7.2.1　LS1206B 型旋桨式流速仪简介

LS1206B 型旋桨式流速仪是一种在水文测验中进行流速测量的常规通用型仪器，用于江河、湖泊、水库、水渠等的过水断面中预定测点的时段平均流速的测量，亦可用于压力管道以及某些科学实验中进行流速测量。LS1206B 型旋桨式流速仪符合《转子式流速仪》（GB/T 11826—2019）等相关国家标准的要求。LS1206B 型旋桨式流速仪广泛适用于水文测验、水利调查、农田灌溉、径流实验等，亦适用于水电、环保、矿山、交通、地质、科研院所、市政等行业或部门进行相关流速或流量的监测。

3.7.2.2　流速仪测量实验地点

为测试终端柔性智慧水尺流速检测的可靠性，在山东潍坊华东水文仪器检测中心进行了实验。华东水文仪器检测中心位于潍坊市，前身是 1972 年成立的"山东省水文总站水文仪器检修站"，与山东省水利厅设立的"山东省水量计量中心"和水利部设立的"水利部科技推广中心山东水量计量技术推广示范基地"属于同一机构。华东水文仪器检测中心是一家专业水文仪器计量检定的质检机构，主要从事转子式流速仪、海流计、流速流向仪、测深仪、流量计、ADCP 等各种类型的水文、气象、环保和海洋仪器的检定工作，拥有国家认证认可监督管理委员会考核通过的资质认定证书和山东省技术监督局计量授权证书。

3.7.2.3 流速仪测量原理及技术指标

LS1206B 型旋桨式流速仪由旋桨、支座、尾翼部件（或固杆螺丝）、干簧管部件等组成，如图 3.7.1 所示。旋桨用于被动感受水流，在水流驱动力作用下，绕水平支承轴旋转。其回转直径为 70mm，理论水力螺距 120 mm。流速仪工作时，旋桨受水流驱动产生回转，带动旋转部件的转子部分同步旋转，安装在转子上的磁钢激励干簧管产生通断信号。

在水流速度高于临界速度时，检测点在某一时段内的平均流速和 LS1206B 型旋桨式流速仪的转子速率之间存在一个稳定的线性关系。在保证一定精度的前提下，平均流速的大小满足以下关系式：

$$v = a + bn \tag{3.7.10}$$

式中：v 为流速（时段平均流速），m/s；a 为流速仪常数，m/s；b 为旋桨水力螺距，m；n 为流速仪转子速率，s^{-1}。

$$n = \frac{R}{T} \tag{3.7.11}$$

图 3.7.1 LS1206B 型
旋桨式流速仪

式中：R 为流速仪转子总数；T 为测速历时，s。

为消除水流对测量精度的影响，水文检验规范要求，一般 $T \geqslant 100s$。由式（3.7.10）可得

$$v = a + b\frac{N}{T} \tag{3.7.12}$$

式中：N 为 T 时段内的信号数。

《直线明槽中的转子式流速仪检定/校准方法》（GB/T 21699—2008）给出的检定结果为，$a = 0.0159m/s$，$b = 0.1188m$。

因此，只需要测出 T 和 N，即可算出流速，公式如下：

$$v = 0.0159 + 0.1188\frac{N}{T} \tag{3.7.13}$$

3.7.2.4 华东水文仪器检测中心流速实验

华东水文仪器检测中心流速实验共计 6 组，其流速变化范围为 0.1～2.0 m/s，流速对比测试方法如下：①将终端柔性智慧水尺固定在水渠上方的轨道车横架上，按终端柔性智慧水尺（包括 6 节分水尺）电导体迎水角度分别为 60°、120°、180°、240°、300°和 360°进行对比实验；②轨道车以不同的移动速度控制终端柔性智慧水尺所在水渠中的流速，记录在不同流速下终端柔性智慧水尺 6 节分水尺的横滚角和俯仰角。实验结果详见表 3.7.1。

3.7.2.5 华东水文仪器检测中心流速实验结果分析

实验期间记录 App 内上传的数据，由于延时的问题，记录的实验数据并不完整，只有 1 号水尺数据完整。分析结果只针对 1 号水尺。1 号水尺实验结果如图 3.7.2 所示。

1 号水尺实验结果显示，流速为 0.1～1.6m/s 时，随着流速升高，横滚角度数绝对值增大。在流速为 2.0 m/s 时，角度突然变成极大正值。猜想是由于采集的是轨道车反方向行驶时的角度数据，故将数据取反，得到的曲线如图 3.7.3 所示。

表 3.7.1　　　　　　　　　终端柔性智慧水尺 6 节分水尺偏转角统计表　　　　　　　单位：（°）

水尺(迎水角度)	0.1 横滚角	0.1 俯仰角	0.5 横滚角	0.5 俯仰角	0.8 横滚角	0.8 俯仰角	1.0 横滚角	1.0 俯仰角	1.6 横滚角	1.6 俯仰角	2.0 横滚角	2.0 俯仰角
1号水尺(120°)	14.036	3.576	−16.356	−42.417	−26.86	−48.68	−26.896	−39.978	−34.986	−47.04	50.839	38.348
	13.012	7.444	−33.114	−58.689	−56.026	−65.584	−63.725	−63.175	−68.581	−69.47	72.951	65.212
	16.001	3.426	−47.232	−54.445	−64.677	−64.677	−70.366	−59.429	−75.23	−73.435	82.269	71.843
	11.367	0.719	−53.402	−36.715	−69.234	−52.341	−73.569	−32.171	−81.972	−66.923	84.024	61.699
	16.456	0.799	−47.976	−25.165	−62.729	−19.682	−66.079	20.818	−75.033	14.285	88.356	−66.25
	5.698	−3.825	−57.354	−22.028	−69.301	−13.893	−72.806	41.755	−82.415	54.688	80.979	−48.639
2号水尺(240°)	17.283	−2.285	−24.52	18.15	−7.299	−3.449	−42.869	27.056	10.13	−0.872	50.21	16.798
			−12.507	12.382					9.22	1.907	77.173	−56.136
			−44.703	20.553					7.507	−0.444		
			−108.017	104.291								
			−169.212	145.719					8.551	0		
			−170.458	139.751							58.109	82.931
3号水尺(360°)	2.832	−1.145	−25.38	−11.187	−30.208	−26.379					−60.78	−26.64
	−3.278	4.882			−60.547	−51.832					−71.941	−62.079
	5.146	4.557			−67.313	−45.556						
	3.883	3.883			−66.954	−47.743						
	7.139	8.314			−69.63	−20.472						
	−0.119	5.882	−56.028	36.242	−67.89	43.492					7.491	14.393
5号水尺(180°)	10.14	1.629	−28.465	11.948	−68.141	11.29	−20.615	−7.862	45.315	−15.813	−16.945	25.904
	8.608	−2.064							73.518	−64.323	−66.67	30.917
	5.257	−1.46							87.929	−87.262		
	−1.804	−9.008							82.213	−77.743		
	−81.448	−78.152										
	−96.635	−103.049			−73.539	71.995			−6.96	−3.393	−48.474	−1.04
6号水尺(60°)	15.451	−6.997	−8.27	−8.27	−15.964	43.74	−11.456	38.984	−57.132	45.789	54.217	−49.197
	15.165	−4.934			−27.363	70.689			−1.167	10.834		
	14.502	−3.715			32.53	74.77						
	10.575	−8.696			53.654	75.685						
	4.187	−6.442			56.406	69.443						
	−4.919	−3.693	−3.136	3.136	66.79	72.119					83.29	85.03
7号水尺(300°)	8.344	7.26	13.645	−48.998	2.509	−54.015	3.576	−55.199	9.956	59.287	10.592	−64.33
											12.171	−77.497
			−71.916	88.217	−36.799	82.645	−52.125	18.772	−51.211	−16.513	163.337	−130.763

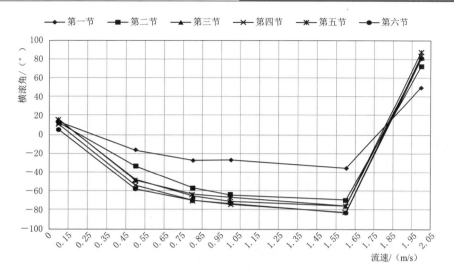

图 3.7.2　1 号水尺 6 节分水尺横滚角（轨道车反方向行驶）

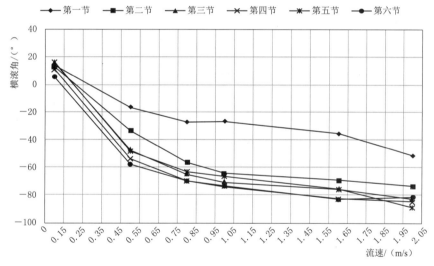

图 3.7.3　1 号水尺 6 节分水尺横滚角（轨道车正方向行驶）

由 1 号水尺实验结果提出猜想，终端柔性智慧水尺在水中偏转角度与流速有一定相关性。因此将流速区间缩小，在一定流速范围内再次进行实验，完善实验样本设定，统计出完整的实验数据来验证这一猜想。

3.7.2.6　河海大学江宁校区实验

通过标准流速仪和终端柔性智慧水尺的对照组实验，验证终端柔性智慧水尺的流速测量准确度。实验地点为河海大学水文水资源实验中心，河道模型由水库、泵房、回水廊道、水槽和尾门组成。水槽长 55 m，宽 3 m，高 1.5 m，通过的最大流量为 0.75 m³/s。首先，将终端柔性智慧水尺和标准流速仪固定在同一支架上，整体布置在回水廊道中，如图 3.7.4 所示。

开启水库、泵房开关，保证水面浸过终端柔性智慧水尺和标准流速仪。终端柔性智慧水尺和标准流速仪的实验状态如图 3.7.5 所示。水流通过 LS1206B 型旋桨式流速仪的旋桨后，终端柔性智慧水尺受到水流的冲击力而发生偏转，记录水尺每节分水尺的偏转角度。

图 3.7.4　终端柔性智慧水尺和标准
流速仪的实验布置

图 3.7.5　终端柔性智慧水尺和标准
流速仪的实验状态

　　终端柔性智慧水尺在 14：54：00—15：30：00 的实验数据见表 3.7.2～表 3.7.4。

表 3.7.2　　　　　　　　终端柔性智慧水尺 6 节分水尺横滚角统计表（一）　　　　　　单位：（°）

水尺（迎水角度）	时　间					
	14：54：00	14：56：00	14：58：00	15：00：00	15：02：00	15：04：00
1 号水尺 （主控盒 0°， 分水尺 180°）	−2.145	−2.14	−0.592	−0.592	−1.546	−2.368
	−3.102	−7.125	−1.25	−1.25	−2.511	−7.179
	−11.171	−13.298	−7.093	−7.093	−8.606	−13.313
	−25.916	−20.899	−16.16	−16.16	−18.316	−21.104
	−23.129	−16.635	−14.051	−14.051	−14.301	−17.093
	−31.435	−24.977	−23.316	−23.316	−21.610	−25.449
2 号水尺 （主控盒 240°， 分水尺 0°）	18.637	19.665	20.359	22.051	21.726	21.779
	23.478	25.896	25.613	25.05	25.05	27.557
	30.252	30.305	32.656	29.628	29.628	33.737
	38.949	36.173	36.943	33.431	33.431	34.872
	43.608	40.462	41.102	37.731	37.731	37.808
	39.567	37.086	37.516	33.82	33.82	32.899
3 号水尺 （主控盒 180°， 分水尺 240°）	0.717	0.717	1.315	1.125	0	−0.481
	−6.021	−6.021	−3.399	−3.732	−5.237	−7.101
	−14.332	−14.332	−12.806	−12.686	−17.471	−17.442
	−9.526	−9.526	−6.394	−5.331	−6.885	−8.882
	−19.478	−19.478	−12.341	−10.539	−16.534	−17.736
	−30.293	−30.293	−20.457	−18.811	−23.749	−27.859

水尺（迎水角度）	时　间					
	14：54：00	14：56：00	14：58：00	15：00：00	15：02：00	15：04：00
4号水尺 （主控盒60°， 分水尺60°）	14.899	16.425	14.755	16.861	14.494	17.7
	35.692	39.383	40.012	34.589	39.776	33.873
	15.276	19.191	15.315	21.823	12.756	19.988
	19.831	25.417	25.864	26.714	20.781	24.83
	40.549	40.789	39.55	36.192	44.814	38.292
	36.577	35.911	39.995	33.613	39.075	33.31
5号水尺 （主控盒150°， 分水尺120°）	15.238	5.183	2.986	5.71	3.842	5.936
	10.338	1.722	2.63	6.788	6.54	13.208
	10.1	5.018	5.754	10.853	11.173	12.566
	−1.206	10.036	12.042	7.584	8.57	−3.126
	5.084	13.028	15.962	3.731	3.079	13.236
	22.001	18.195	19.681	16.927	14.429	29.244
6号水尺 （主控盒120°， 分水尺300°）	14.61	16.504	13.188	14.977	15.088	18.056
	24.398	25.468	19.429	26.83	23.539	23.36
	22.527	22.001	18.558	25.933	24.469	22.527
	19.826	22.768	24.498	21.145	23.008	24.955
	6.805	24.016	20.796	6.03	14.181	26.139
	5.959	17.602	12.191	5.776	9.627	19.94

表 3.7.3　　　　终端柔性智慧水尺6节分水尺横滚角统计表（二）　　　单位：（°）

水尺（迎水角度）	时　间					
	15：06：00	15：08：00	15：10：00	15：12：00	15：14：00	15：16：00
1号水尺 （主控盒0°， 分水尺180°）	−2.437	−2.368	−0.473	3.943	1.887	1.606
	−6.117	−3.969	−0.992	3.879	2.157	3.135
	−12.501	−11.833	−2.489	3.253	2.177	1.34
	−18.71	−26.958	−19.079	−8.346	−6.918	−13.201
	−14.898	−22.579	−32.850	−24.981	−21.080	−26.415
	−22.82	−30.383	−42.440	−46.416	−43.076	−36.622
2号水尺 （主控盒240°， 分水尺0°）	21.565	17.423	17.493	16.491	15.881	18.416
	28.026	23.731	21.592	20.224	19.493	20.823
	33.127	24.003	23.084	18.341	18.714	23.402
	34.718	36.902	34.095	25.631	25.583	32.073
	37.945	51.169	54.426	48.095	47.634	47.977
	34.008	49.808	54.774	60.009	62.901	46.045

水尺（迎水角度）	时　间					
	15：06：00	15：08：00	15：10：00	15：12：00	15：14：00	15：16：00
3 号水尺 （主控盒 180°， 分水尺 240°）	−0.12	−3.152	4.225	5.376	4.905	5.42
	−4.996	−10.79	1.456	3.066	6.115	4.738
	−14.574	−24.372	−6.885	−2.445	−0.416	0.474
	−6.749	−19.353	−10.004	−1.524	0.867	3.45
	−13.667	−26.107	−25.482	−24.843	−22.646	−9.268
	−21.866	−35.888	−37.821	−47.836	−47.404	−19.596
4 号水尺 （主控盒 60°， 分水尺 60°）	20.637	15.059	14.207	13.193	13.993	12.733
	41.36	46.9	28.374	23.829	27.204	28.031
	29.781	18.454	10.228	12.264	13.389	11.788
	29.977	24.196	9.509	12.553	12.547	13.733
	48.509	54.4	56.603	44.961	50.050	50.378
	42.68	51.512	61.622	57.950	54.003	54.396
5 号水尺 （主控盒 150°， 分水尺 120°）	−0.125	4.972	7.471	8.383	7.378	6.879
	−5.024	8.793	6.286	8.705	4.374	5.848
	7.998	9.899	7.132	6.775	3.959	6.496
	16.124	3.871	2.293	5.124	5.044	3.695
	5.404	9.893	−3.819	−6.573	−4.786	−6.644
	14.62	19.604	18.664	10.124	8.615	9.327
6 号水尺 （主控盒 120°， 分水尺 300°）	15.019	14.281	12.775	10.923	12.599	14.41
	26.433	22.925	19.46	18.454	18.166	23.112
	24.839	15.418	17.448	13.212	9.763	16.316
	18.103	15.741	21.813	12.335	9.534	13.861
	6.257	18.824	24.307	5.85	9.269	11.454
	5.659	15.996	13.413	1.14	1.473	10.771

表 3.7.4　　　　　**终端柔性智慧水尺 6 节分水尺横滚角统计表（三）**　　　单位：（°）

水尺（迎水角度）	时　间					
	15：18：00	15：20：00	15：22：00	15：24：00	15：26：00	15：28：00	15：30：00
1 号水尺 （主控盒 0°， 分水尺 180°）	0.65	−0.892	−0.414	−2.022	−0.475	−0.237	−0.77
	−1.244	−0.062	−1.634	−4.139	−0.315	0.751	0.188
	−4.474	−6.498	−8.746	−8.587	−8.012	−5.653	−6.255
	−19.743	−20.437	−26.536	−24.406	−26.141	−23.865	−24.233
	−23.233	−21.581	−25.152	−24.443	−26.033	−23.942	−23.701
	−32.383	−30.266	−32.61	−31.550	−34.103	−31.718	−31.784

续表

水尺（迎水角度）	时 间						
	15：18：00	15：20：00	15：22：00	15：24：00	15：26：00	15：28：00	15：30：00
2 号水尺 （主控盒 240°， 分水尺 0°）	17.455	17.256	20.305	20.915	20.305	18.508	18.471
	21.749	24.119	26.216	28.059	25.793	23.529	24.024
	23.114	28.25	28.296	28.76	29.836	27.078	26.771
	31.646	39.997	37.295	36.891	39.584	36.664	36.471
	42.248	49.641	46.424	47.969	48.327	45.745	44.146
	40.886	47.682	43.726	46.03	44.026	43.547	40.722
3 号水尺 （主控盒 180°， 分水尺 240°）	2.912	3.873	4.17	1.788	0.479	3.345	3.031
	0.06	1.218	2.396	−3.834	−4.911	1.737	0.919
	−7.873	−7.418	−11.155	−12.331	−12.542	−10.178	−9.582
	−8.226	−6.828	−14.126	−11.284	−9.121	−12.748	−11.334
	−19.767	−14.434	−18.412	−22.515	−22.463	−17.028	−21.017
	−30.951	−23.612	−30.111	−35.107	−35.290	−25.364	−29.515
4 号水尺 （主控盒 60°， 分水尺 60°）	13.078	12.407	12.31	17.478	16.042	17.534	17.7
	31.68	36.35	38.452	39.056	39.347	39.165	37.441
	10.271	10.911	9.564	21.582	17.942	20.597	21.351
	11.794	16.196	16.52	21.801	20.114	20.199	20.808
	45.642	44.809	45.453	47.554	48.515	48.028	46.792
	44.588	42.973	43.135	44.08	44.579	42.992	42.747
5 号水尺 （主控盒 150°， 分水尺 120°）	9.004	6.633	3.826	6.511	6.394	4.437	5.97
	7.514	8.851	3.246	2.365	9.125	3.663	6.063
	4.748	7.662	5.024	0.739	7.471	5.606	5.086
	−2.858	0.982	1.028	4.627	−0.974	3.972	1.158
	−4.362	0.411	−1.783	−3.789	−0.511	0.07	4.695
	15.419	15.453	13.985	9.953	16.907	13.24	20.889
6 号水尺 （主控盒 120°， 分水尺 300°）	13.618	12.115	15.846	13.292	13.845	16.355	12.574
	22.948	17.981	21.439	17.896	19.604	25.953	20.089
	19.803	18.533	18.514	18.334	18.654	20.695	21.496
	18.78	26.796	23.487	27.255	23.286	19.79	28.646
	8.555	15.39	20.116	18.171	16.525	18.717	23.65
	8.547	5.639	13.37	9.692	9.519	15.984	17.297

标准流速仪测量的流速数据见表 3.7.5。

表 3.7.5　　　　　　　　　　　标准流速仪测量的流速数据

时　间	流速/（m/s）	时　间	流速/（m/s）	时　间	流速/（m/s）
14：54：00	0.229	15：08：00	0.375	15：22：00	0.274
14：56：00	0.217	15：10：00	0.410	15：24：00	0.244
14：58：00	0.214	15：12：00	0.529	15：26：00	0.271
15：00：00	0.217	15：14：00	0.559	15：28：00	0.253
15：02：00	0.203	15：16：00	0.259	15：30：00	0.274
15：04：00	0.182	15：18：00	0.280		
15：06：00	0.214	15：20：00	0.265		

　　标准流速仪测得的流速曲线如图 3.7.6 所示。

　　根据实验统计的 6 台终端柔性智慧水尺的横滚角数据，将各水尺的 6 节分水尺的角度进行对比，结果如图 3.7.7～图 3.7.12 所示。

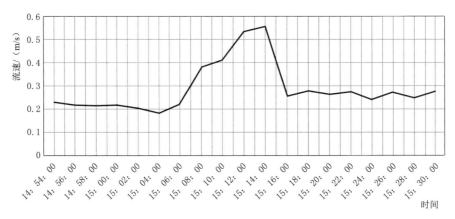

图 3.7.6　标准流速仪测得的流速曲线

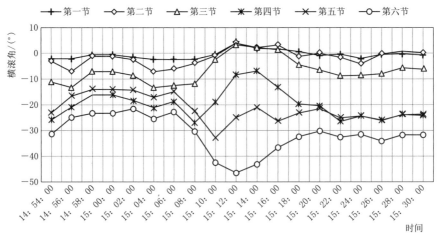

图 3.7.7　1 号水尺 6 节分水尺在 14：54：00—15：30：00 的横滚角

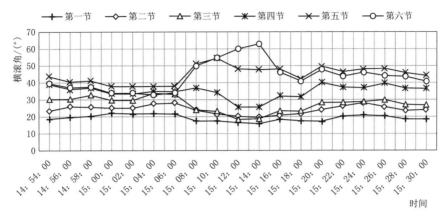

图 3.7.8　2号水尺6节分水尺在14：54：00—15：30：00的横滚角

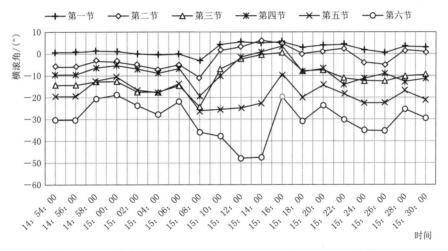

图 3.7.9　3号水尺6节分水尺在14：54：00—15：30：00的横滚角

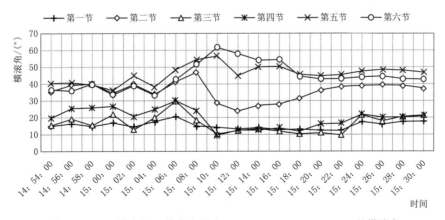

图 3.7.10　4号水尺6节分水尺在14：54：00—15：30：00的横滚角

97

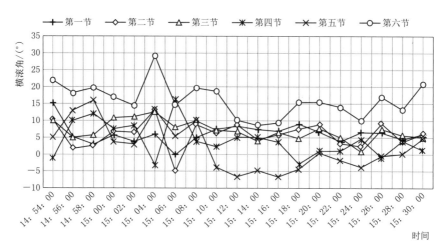

图 3.7.11　5 号水尺 6 节分水尺在 14：54：00—15：30：00 的横滚角

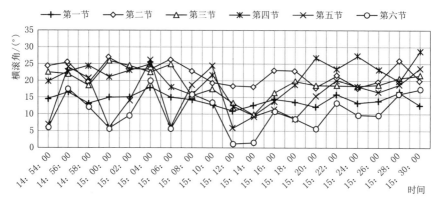

图 3.7.12　6 号水尺 6 节分水尺在 14：54：00—15：30：00 的横滚角

将水尺的偏转角度代入 3.7.1 节中的流速算法中进行计算，获得的部分终端柔性智慧水尺和标准流速仪的流速数据见表 3.7.6。

单位：m/s

表 3.7.6　　　　终端柔性智慧水尺和标准流速仪流速数据对比

序　号	标 准 流 速 仪	终 端 柔 性 智 慧 水 尺	误　差
1	0.298	0.282	0.016
2	0.289	0.273	0.016
3	0.312	0.301	0.011
4	0.309	0.280	0.029
5	0.331	0.321	0.010
6	0.333	0.322	0.011
7	0.324	0.312	0.012
8	0.247	0.210	0.037
9	0.259	0.220	0.039
10	0.265	0.252	0.013

由表 3.7.6 可知，标准流速仪和终端柔性智慧水尺的流速之间存在一定误差，最大误差为 0.039 m/s。由于流速本身的算法就是由多个瞬时流速求均值，因此，标准流速仪和终端柔性智慧水尺的误差是正常的，但是相较于实际流速误差还是偏大的。由于工程时间的限制，流速算法有待进一步完善。至此，终端柔性智慧水尺的功能性实验验证完毕，实验结果基本满足设计要求，下一步将进行河海大学江宁校区的实际安装使用。

3.8 数据传输规约

3.8.1 数据架构

智慧水利数字孪生数据架构采用原始库、实时库、备份库、利用库的四库存储架构，保证数据安全的同时又保证数据的高效利用。

如图 3.8.1 所示，数据流向从传感器开始具体过程如下：

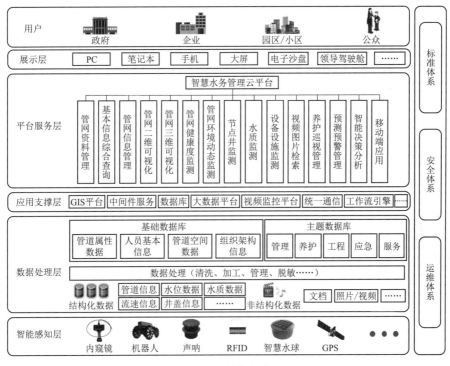

图 3.8.1 数据架构图

（1）由传感器产生，经过安全传输协议的控制进入数据采集平台，将原始数据存入原始库的缓存数据库中。

（2）数据经过整理与转换后形成实时数据与统计数据，实时数据存入实时库中的实时数据库，统计数据存入实时库中的基础数据库，保证了数据的可用性。

（3）实时库进行双机热备，同步备份到备份库与利用库中，保证了数据自身的安全性。

（4）利用库中的数据对外权限设置为只读不写，提供高效的读取能力。通过数据库访问控制平台，授权外部应用使用利用库中指定的数据，从而保证了数据访问的安全性。

3.8.2　数据访问控制

3.8.2.1　数据访问控制方法

按照"表、字段、时间" 3 个维度进行数据的授权，使用者选择其所需的表、字段和时间范围向管理者申请数据授权，如用户需要 1990—2000 年的水位表的测站字段、监测点字段和水位字段数据，申请之后，用户通过平台控制可以获得此部分数据。

获取数据的方法通常分为两种：一种是用户主动向平台拉取数据，用户每次申请数据授权通过后，会得到一个唯一数据获取 API 地址，用户通过 API 地址传入查询参数即可获得对应数据；另一种则是用户被动接收平台推送给用户的数据，这种方法通常用于平台向用户推送最新的实时数据。用户在数据授权申请通过后，在平台中配置接收推送数据的 API 地址，平台在每次采集到最新的传感器数据后会向用户推送最新的数据。

通过"表、字段、时间"的维度权限控制以及两种获取数据的方法可以安全合理地实现数据的共享，满足用户对数据的使用需求。

3.8.2.2　数据访问控制平台

数据访问控制平台用于管理智慧水利数字孪生的核心数据，通过数据访问控制平台将数据授权共享给其他应用系统使用。

数据访问控制平台的使用对象分为管理员端与用户端，管理员端是数据的所有者管理数据及授权的操作端，用户端是用户申请数据授权及使用数据的操作端。

（1）管理员端。管理员端包含数据管理、公司管理、应用管理、授权管理、数据监控管理和系统管理等功能。数据管理用于查看系统所拥有的核心数据。公司管理、应用管理和授权管理是对数据访问控制的管理，某公司数据访问控制平台界面如图 3.8.2 所示。将使用者视为某个公司，一个公司可以拥有多个应用，每个应用可以申请多个数据授权，每个数据授权记录了用户所需要的表、字段和时间范围。数据监控管理是对数据访问的监控

图 3.8.2　某公司数据访问控制平台界面

日志管理，系统会保存使用者每次访问数据的记录。系统管理则是对系统的一些基本信息、参数、用户、菜单和数据字典等的管理。

（2）用户端。如图 3.8.3 所示，用户管理包含公司管理、应用管理、数据管理。用户可以在系统中创建多个应用，并且为每一个应用申请对应的数据权限。

数据的采集、保存与使用的过程必须按照合理的标准约束进行，保证数据的有效性、可靠性和安全性。

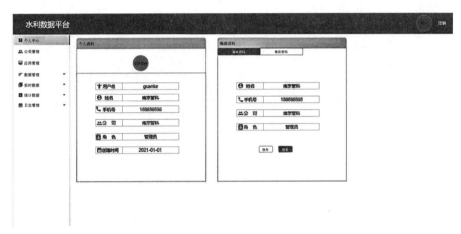

图 3.8.3　数据访问控制平台用户端

3.9　终　端　展　示　方　式

3.9.1　系统功能说明

智慧设备的数据展示终端通过网页形式访问，主要包括天气模块、地图模块、数据展示模块和图表模块。

（1）天气模块。天气模块显示当前页面设备所在地三天的天气情况，如图 3.9.1 所示。

图 3.9.1　天气模块

（2）地图模块。地图模块包括普通地图模式、卫星地图模式和全景模式。

1）普通地图模式展示在此设备安装地点的所有智慧设备的分布及类型，包括雨水管监测设备、污水管监测设备、露天水尺、车库水尺及智慧水球等设备。地图直观展示了各个设备的精确位置及设备类型，如图 3.9.2 所示。

2）卫星地图模式对设备安装地附近的建筑、植被等地物展现力更强，如图 3.9.3 所示，适用于了解设备的安装使用环境。

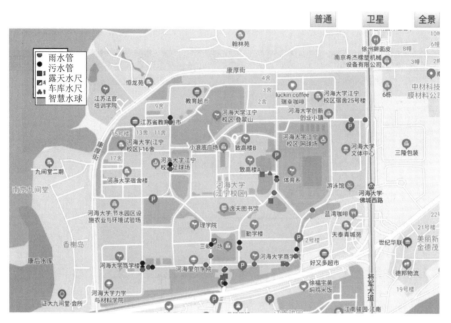

图 3.9.2　普通地图模式

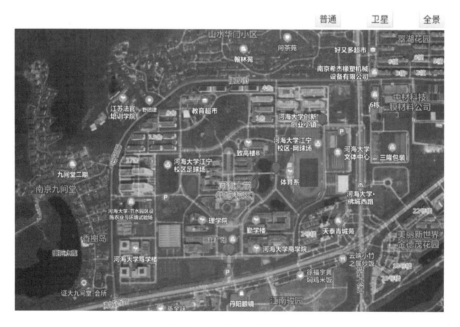

图 3.9.3　卫星地图模式

3）全景模式依靠全景拍摄技术构建设备安装地的三维全景图，如图 3.9.4 所示，可在 3D 模式下查看各设备的数据及具体使用情况。

图 3.9.4 全景模式

（3）数据展示模块。数据展示模块主要对智慧设备的实时数据信息以列表形式进行展示。

1）总览部分展示此监测地的智慧设备数量、类型及其运行情况，如图 3.9.5 所示。

> -------总监测点36个-------正常运行 100 天-------报警 0 次-------
>
> --雨水井监测点18个--污水井监测点12个--断面桩监测点5个--水质水尺点1个--

图 3.9.5 总览部分示意图

2）重要监测点数据展示部分根据智慧监测的实时数据，列出最应关注的前三种设备的信息。

a. 雨水井重要监测点数据如图 3.9.6 所示。

雨水井数据变量排列前三监测点

编号	报表	水位信息	流量信息	状态	时间
雨水井0012	▼	35.0mm	4.42m³/h	正常	0314-19:45
雨水井001	▼	25.0mm	2.67m³/h	正常	0314-19:45
雨水井002	▼	25.0mm	2.67m³/h	正常	0314-19:45

图 3.9.6 雨水井重要监测点数据

b. 污水井重要监测点数据如图 3.9.7 所示。

污水井数据变量排列前三监测点					
编号	报表	水位信息	流量信息	状态	时间
污水井0012	▼	130.0mm	31.19m³/h	正常	0810-09:00
污水井007	▼	60.0mm	9.89m³/h	正常	0314-19:45
污水井001	▼	30.0mm	3.51m³/h	正常	0314-19:45

图 3.9.7 污水井重要监测点数据

c. 断面桩重要监测点数据如图 3.9.8 所示。

断面数据变量排列前三监测点					
编号	报表	水位信息	流量信息	状态	时间
断面桩001	▼	8.0mm	0.49m³/h	正常	0314-19:30
断面桩002	▼	0.0mm	0.0m³/h	正常	0314-19:30
断面桩003	▼	0.0mm	0.0m³/h	正常	0314-18:00

图 3.9.8 断面桩重要监测点数据

d. 智慧水球水质水尺重要监测点数据如图 3.9.9 所示。

水质水尺数据变量排列前三监测点							
编号	报表	溶解氧	浊度	氨氮	pH值	设备	时间
BU01	▼	8.23	21.0772	12.01	8.28	正常	0314-19:30

图 3.9.9 智慧水球水质水尺重要监测点数据

3）智慧设备数据明细展示此监测地所有的智慧设备及其数据信息，如图 3.9.10 所示。

在线监测数据明细表				
雨水井水动水尺	水位信息	流量信息	状态	时间
雨水井001	25.0mm	2.67m³/h	正常	0314-19:30
雨水井002	25.0mm	2.67m³/h	正常	0314-19:30
雨水井003	4.0mm	0.17m³/h	正常	0314-19:30
雨水井004	5.0mm	0.24m³/h	正常	0314-19:30
雨水井005	1.0mm	0.02m³/h	正常	0314-19:30
雨水井006	20.0mm	1.91m³/h	正常	0314-19:30

图 3.9.10（一） 智慧设备数据明细

在线监测数据明细表

雨水井水动水尺	水位信息	流量信息	状态	时间
雨水井007	0.0mm	0.0m³/h	正常	0314-19:30
雨水井008	25.0mm	2.67m³/h	正常	0314-19:30
雨水井009	10.0mm	0.68m³/h	正常	0314-19:30
雨水井0010	2.0mm	0.06m³/h	正常	0314-19:30
雨水井0011	15.0mm	1.24m³/h	正常	0314-19:30
雨水井0012	35.0mm	4.42m³/h	正常	0314-19:30
雨水井0013	3.0mm	0.11m³/h	正常	0314-19:30
雨水井0014	3.0mm	0.11m³/h	正常	0314-19:30
雨水井0015	9.0mm	0.58m³/h	正常	0314-19:30
雨水井0016	4.0mm	0.17m³/h	正常	0314-19:30
雨水井0017	10.0mm	0.68m³/h	正常	0314-19:30

污水井水动水尺	水位信息	流量信息	状态	时间
污水井001	30.0mm	3.51m³/h	正常	0314-19:30
污水井002	25.0mm	2.67m³/h	正常	0314-19:30
污水井003	8.0mm	0.49m³/h	正常	0314-19:30
污水井004	25.0mm	2.67m³/h	正常	0314-19:30
污水井005	30.0mm	3.51m³/h	正常	0314-19:30
污水井006	30.0mm	3.51m³/h	正常	0314-19:30
污水井007	60.0mm	9.89m³/h	正常	0314-19:30
污水井008	20.0mm	1.91m³/h	正常	0314-19:30
污水井009	20.0mm	1.91m³/h	正常	0314-19:30
污水井0010	4.0mm	0.17m³/h	正常	0314-19:30
污水井0011	35.0mm	4.42m³/h	正常	0314-19:30
污水井0012	130.0mm	31.19m³/h	正常	0810-09:00

断面水位水动水尺	水位信息	流量信息	状态	时间
断面桩001	8.0mm	0.49m³/h	正常	0314-19:30
断面桩002	0.0mm	0.0m³/h	正常	0314-19:30
断面桩003	0.0mm	0.0m³/h	正常	0314-18:00
断面桩004	0.0mm	0.0m³/h	正常	0314-19:30
断面桩005	0.0mm	0.0m³/h	正常	0314-19:30

智慧水质水尺	溶解氧	浊度	氨氮	pH值	设备	时间
BU01	8.23	21.0772	12.01	8.28	正常	0314-19:30

图 3.9.10（二） 智慧设备数据明细

（4）图表模块。点击重要监测点数据展示部分的报表模块，显示此设备过去十天的水位及流量的统计图表，如图 3.9.11 和图 3.9.12 所示。

105

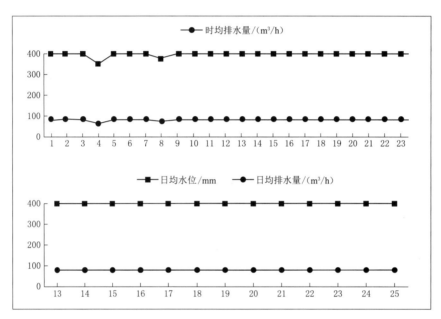

图 3.9.11 重要监测点数据展示的报表部分

图 3.9.12 报表模块

3.9.2 系统构建过程

系统使用 Django 框架搭建，数据读取、网页展示均在框架内完成。下面将介绍系统的搭建步骤及应用技术。Django 是一个开放源代码的 Web 应用框架，由 Python 语言编写，是一个遵循 MVC 设计模式的框架。MVC 中 3 个字母为 model、view、controller 3 个单词的首字母大写，分别代表模型、视图、控制器。Django 搭建步骤如下：

（1）搭建设备数据接收接口。在 Django 框架下，通过后台业务逻辑代码编写，提供接口接收设备遵循 HTTP 协议上传的数据，并将其保存至系统框架自带的 db.sqlite3 数据库中。

（2）后台设备数据查询。当服务器接收到浏览器的网页展示请求后，后台查询数据库中的所需数据通过系统视图层传递到前端网页。

（3）前端网页数据展示。前端网页主要由 HTML 和 JS 写成，其中应用百度地图接口 API、Bootstrap、ECharts 等前端技术。

HTML 为超文本标记语言，是一种标记语言。它包括一系列标签，通过这些标签可以将网络上的文档格式统一，使分散的 Internet 资源链接为一个逻辑整体。HTML 文本是由 HTML 命令组成的描述性文本，HTML 命令可以说明文字、图形、动画、声音、表格、链接等。

  JavaScript 是一种具有函数优先性质的轻量级、解释型或即时编译型的编程语言。虽然它作为开发 Web 页面的脚本语言而出名，但同时它也被用到了很多非浏览器环境中。JavaScript 基于原型编程、多范式的动态脚本语言，并且支持面向对象、命令式和声明式（如函数式编程）风格。

  百度地图接口 API 是一套为开发者提供的基于百度地图的应用程序接口，包括 JavaScript、iOS、Andriod、静态地图、Web 服务等多种版本，提供基本地图、位置搜索、周边搜索等功能。

  Bootstrap 是美国 Twitter 公司的设计师 Mark Otto 和 Jacob Thornton 基于 HTML、CSS、JavaScript 合作开发的简洁、直观、强悍的前端开发框架，使得 Web 开发更加快捷。

  ECharts 是一款基于 JavaScript 的数据可视化图表库，提供直观、生动、可交互、可个性化定制的数据可视化图表。

第4章

数字孪生水务管理应用案例

本章彩图及内容更新

4.1　建　设　背　景

河海大学江宁校区位于南京市江宁经济技术开发区的中心，东临机场高速公路，南傍牛首河，西接牛首山风景区，北靠将军山、翠屏山，总面积为 1077 亩，环境优美。

江宁校区地势较低，地下雨污排水管错综复杂，因此管理存在诸多隐患和问题，长期存在校区内涝的风险，每到梅雨季节容易造成校园淹水，对学生的学习生活造成了很大的不便，被笑称"夏天到河海来看海"。因此，通过加强地下水管网管理系统来整治校园内涝的必要性日益加强。

4.2　建　设　目　标

河海大学江宁校区地下水管网管理系统的建设基于数字孪生系统，通过监测系统、实时传感、模型模拟的有效互联，并收集数据形成大数据进行分析，基于流域水力模型，通过设定边界条件和特定条件下的情景，将水力模型以及流域内的排水系统联系起来，将数据同化的方法融入涝水综合模型，以更好、更准确地预测暴雨期间的涝灾。具体实现目标包括以下方面：

（1）利用水位传感器实时监控，获得水位数据。

（2）利用高精度雷达或近地雨量筒实时监测小范围的降雨，并根据气象部门发布的雨量监测数据完善降雨量监测。

（3）借助开发的水文预测系统模型进行数据处理，从而预测水位变化的趋势。

（4）结合网络和人工智能系统预测未来的情势，进而对风险进行有效的管控。

4.3　建　设　内　容

河海大学江宁校区地下水管网管理系统主要基于数字孪生的智能井盖监测系统，通过部署的智能井盖传感器（井盖＋终端柔性智慧水尺）等相关设备，实现对雨污水管道节点井的实时水位、流量监测，同时对外场采集数据进行平台处理整合及可视化呈现。智能井盖监测系统的建设内容涵盖外场和系统两大方面。

4.3.1　外场建设

在地下水监测点部署智能井盖传感器，实时监测雨水水位与流量，共部署雨水监测点 24 个，具体布置如下：

（1）流向市政雨水管网雨水管 3 个，包括南门、博学楼、东门雨水管，如图 4.3.1 中①～③所示。

（2）南门出口附近雨水管 5 个，如图 4.3.1 中④～⑧所示。

（3）流入东湖雨水管 4 个，如图 4.3.2 中⑨～⑫所示。

（4）校区主要雨水管 4 个，如图 4.3.3 中⑬～⑯所示。

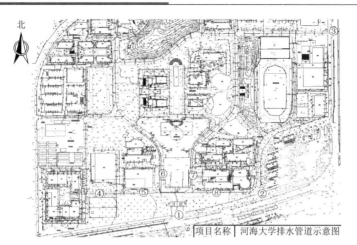

图 4.3.1　流向市政雨水管网和南门出口附近雨水管

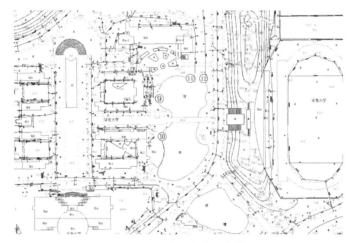

图 4.3.2　流入东湖雨水管

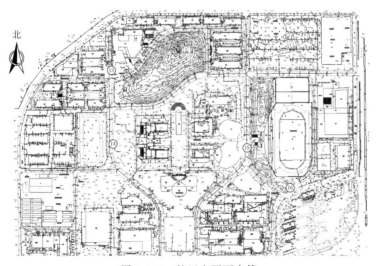

图 4.3.3　校区主要雨水管

（5）博学楼出口附近雨水管 2 个，如图 4.3.4 中⑰、⑱所示。

（6）东门出口附近雨水管 2 个，如图 4.3.4 中⑲、⑳所示。

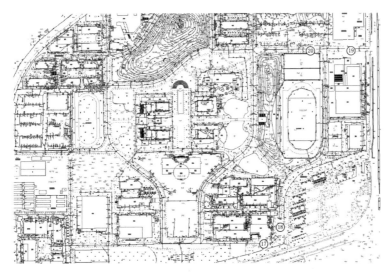

图 4.3.4　博学楼和东门出口附近雨水管

（7）叠翠山附近雨水管 4 个，如图 4.3.5 中㉑～㉔所示。

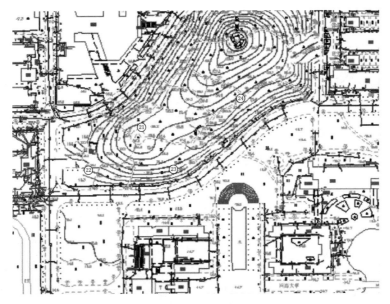

图 4.3.5　叠翠山附近雨水管

4.3.2　系统建设

建设江宁校区地下水监测系统，包括管网概况、排水监测、排水分析、事件管理、管网资料、监控中心等功能模块。

(1) 管网概况：一张图掌握河海大学江宁校区管网部署和排水运行状态。

(2) 排水监测：实时监测雨污水的水位和流量变化。

(3) 排水分析：根据监测数据对江宁校区排水和管网进行分析。

(4) 事件管理：对江宁校区排水相关的事件进行综合的、全过程的记录与管理。

(5) 管网资料：形成管网台账，包括管网基本信息、电子资料、视频照片等。

(6) 监控中心：对江宁校区管网与排水数据进行综合可视化展现。

4.4 数字孪生水务系统创建

基于新兴物联网检测、移动互联传输和云计算技术，辅以地理信息系统（GIS）和大数据技术，建成了河海大学江宁校区数字孪生水务系统。

针对建筑物特点和平台场景要求，对河海大学江宁校区采取自动化建模方法，依据物理模型（图4.4.1），通过自动化建模工具实现快速三维建模，并通过数据库实现建筑内部结构模型的部件化管理。完成后的河海大学江宁校区数字模型如图4.4.2所示。

图4.4.3所示的江宁校区管线显示地下水的流速和流向，在管线中依据布点原则设置了雨水污水智能井盖传感器。

用户点击平台中的数据面板就能观察到地下水的实时水位和流速等信息，如图4.4.4所示。

服务系统是对数据的综合展示窗口，以三维可视化方式直观、高效地加载三维模型。用户可以任意浏览河海大学江宁校区及周边场景，如建筑、管道、植被、排水口、井盖

图4.4.1 河海大学江宁校区物理模型图

等，并且可以任意拖动场景，从任意角度浏览场景位置。此外，服务系统还支持对模型放大、缩小、旋转、平移等操作，以此提升用户体验，便于用户实时查看任意布点的水位水量数据，效果如图 4.4.5 所示。

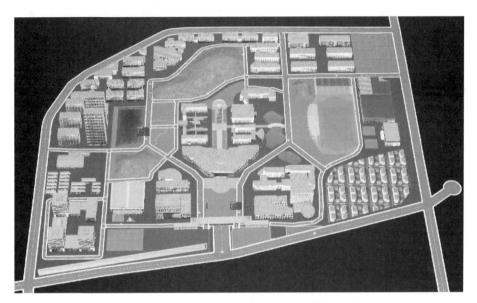

图 4.4.2　河海大学江宁校区数字模型图

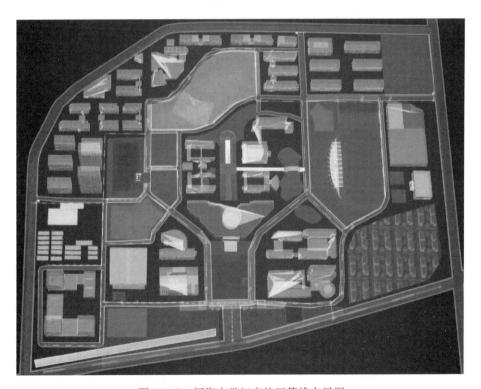

图 4.4.3　河海大学江宁校区管线布局图

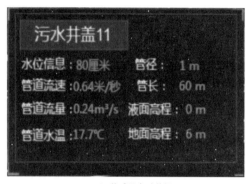 

（a）传感器实时数据（b）管道内部水位

图 4.4.4 传感器实时数据和管道内部水位示意图

生态环保监测系统

江宁校区生态环保监测系统

管线监测点在线数据

编号	水位信息	流量信息	井盖状态	时间
东门005	400.0mm	81.83m³/h	正常	10-23-11:15
南门W002	400.0mm	81.83m³/h	倾斜150.38°	07-06-09:42
东门001	400.0mm	81.83m³/h	正常	02-01-21:09
致远楼001	350.0mm	69.27m³/h	正常	01-18-22:42
东湖004	70.0mm	7.21m³/h	正常	10-03-10:14
南门Y002	55.0mm	6.47m³/h	正常	05-25-23:29

图 4.4.5 服务系统

4.5 基于数字孪生平台模拟与结果分析

（1）管网健康分析。数据结果如图 4.5.1 所示。

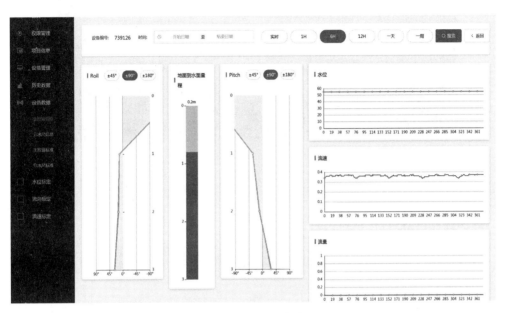

图 4.5.1 管网健康分析

（2）水位分析。排水报表界面如图 4.5.2 所示。

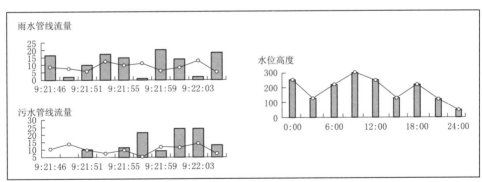

图 4.5.2 排水报表界面

（3）预警分析。根据传感器所得数据，对超过红色警戒的水质区域进行报警，在三维场景中提示污染段，效果如图 4.5.3 所示。

（4）模拟和预测分析。基于开源的 SWMM 模型，快速构建易涝点的内涝模型，接入 0.5 km 网格的降雨预报数据，实现对内涝风险的滚动预报，从而实现雨量预警。雨量模拟如图 4.5.4 所示。

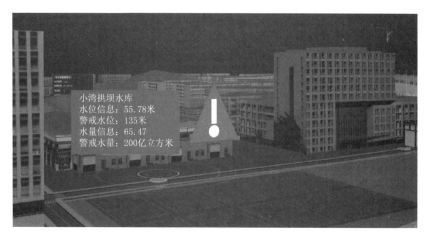

图 4.5.3　内涝预警示意图

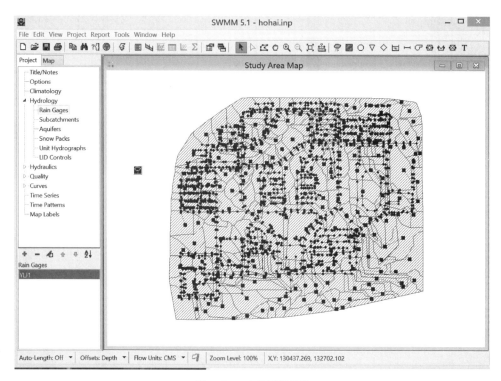

图 4.5.4　雨量模拟图

4.6　综　合　评　价

通过搭建数字孪生平台，并基于智能井盖传感器和模型模拟以及数据同化技术的融合，实现对排水设施安全运行的在线监测与预警预报，并根据淹没水量有序启动备用泵站，从而实现河海大学江宁校区对内涝的风险管控和对淹水的预警与前置处理。智能井盖传感器安装前后的效果对比见图 4.6.1。

（a）安装前　　　　　　　　　　　　　　（b）安装后

图 4.6.1　智能井盖传感器安装前后效果对比

第5章

数字孪生水利综合应用案例

本章彩图及内容更新

5.1 智 慧 水 利 平 台

5.1.1 案例介绍

智慧水利平台是一款集成了数字场景克隆、数字地形库、流域规划、案例模拟等多项高级功能的数字孪生应用平台，旨在为水利领域提供先进的数字化解决方案。平台展示见资源 5.1。该平台以场景映射、场景克隆和场景孪生等多种功能为基础，融合了倾斜摄影和地理信息系统（GIS）的高精度技术，构建了各地水文站的高精度三维模型。该平台以程序为基础底座，针对不同水利设施，如河道水文站、水库水文站、地下管网等，提供了个性化的定制服务。通过扩展预测、预警、预案、预报"四预"算法功能，实现了数字化水利业务的独特优化。

在技术层面，该平台借助数字场景克隆技术，能够对水文站及其周边环境进行精准的数字化模拟。数字地形库的引入允许对地形、地貌进行高度准确的建模，为流域规划和水文模拟提供了可靠的基础数据。

资源 5.1
智慧水利
平台展示

平台的倾斜摄影和 GIS 技术相结合，实现了高精度的地理信息映射，为水文站的三维模型提供了真实感和准确性。这对于水利规划、管理、决策等方面具有重要意义。

此外，智慧水利平台通过扩展预测、预警、预案、预报等功能，将先进的算法应用于水文数据处理，实现对水文环境的全面监测和实时响应。这种数字化的方法使得水利业务更具效率和灵活性，为未来的水资源管理提供了前所未有的工具和支持。

5.1.2 建设内容

（1）数字场景克隆。通过先进的数字场景克隆技术，对水文站及其周边环境进行高精度的数字化模拟，包括对地形、水体分布、植被覆盖等多个要素的准确还原，为实时水文数据提供真实的环境背景。数字场景克隆 UI 界面如图 5.1.1 所示。

图 5.1.1 数字场景克隆 UI 界面

（2）数字地形库。建立详尽的数字地形库，以高分辨率的地理信息数据为基础，为流域规划和水文模拟提供准确的地形和地貌信息。数字地形库的引入增强了平台对地理环境的真实感把握。数字地形库内容如图 5.1.2 所示。

（3）流域规划。通过数字孪生技术，进行流域规划的数字模拟，包括对水资源分布、水流路径、土壤类型等因素的综合分析，为水资源的合理利用和管理提供科学依据。流域规划示例见图 5.1.3。

5.1.3　关键技术介绍

5.1.3.1　多场景高效管理

通过多场景保存与管理（图 5.1.4），实现了高效的多区域切换管理系统。这一系统充分利用了 GIS 的定位功能，以实

图 5.1.2　数字地形库

时、精准的方式切换到用户所需的特定区域。这种智能的区域切换管理方案在不同场景下展现出卓越的适应性和灵活性。

图 5.1.3　流域规划

多场景保存与管理功能允许用户事先设置并保存不同的工作或环境场景，每个场景都包含特定的区域切换信息。用户可以根据自己的需求创建、编辑和保存不同的场景配置，从而轻松切换到适应不同工作或活动的环境。

其中，GIS 定位功能是该系统的关键特性之一。通过 GIS 技术，系统能够准确获取用户的地理位置，并在地图上标记当前位置。这项功能使得系统能够实时追踪用户的移动，

并根据用户所在的地理位置动态调整显示的区域信息。无论用户身处何地，系统都能迅速响应并展示相应的区域数据，为用户提供更加精准和个性化的服务。

图 5.1.4 多场景管理

5.1.3.2 模型库

模型库中的模型包含如图 5.1.5～图 5.1.10 所示六种类型，模型库的技术设计考虑了多种因素，确保在技术上具有高度的可用性和优良的性能。

（1）模型架构的标准化。模型库采用标准化的模型架构，以确保不同类型的模型之间具有一致的接口和交互方式。这种标准化简化了整个模型库的管理和维护，使得模型的集成更加顺畅。

（2）模型优化和压缩。在模型库中，模型经过优化和压缩，以提高推理速度和降低资源消耗。这种优化包括使用轻量级模型结构、量化技术、模型剪枝等手段，确保在保持性能的同时，提高模型在不同硬件平台上的适应性。

（3）分布式计算支持。模型库的设计充分考虑到分布式计算的需求，支持模型在分布

图 5.1.5 水利模型

图 5.1.6 交通模型

式计算环境中的部署和运行。这有助于提高模型库在大规模数据和高并发场景下的性能表现。

（4）模型的版本管理。模型库实施了有效的版本管理机制，确保能够对模型的迭代和更新进行有序管理。这对于模型的持续优化和适应新数据的变化至关重要。

（5）安全性和隐私保护。模型库强调在技术层面上对模型的安全性和用户隐私进行有效保护。采用加密、安全通信协议等技术手段，确保在模型训练和推理过程中数据的安全性和隐私性。

图 5.1.7　建筑模型

图 5.1.8　水源模型

图 5.1.9　地形模型

图 5.1.10　信息模型

5.1.3.3　案例模拟

基于对不同灾情映射因子的分析，进行灾情设定是一个关键的防灾减灾措施。这个过程涉及模拟灾情的起因、过程和结果，同时进行应急部署和力量部署，以提前做好准备和应对可能的灾害。以下是一个简要的流程：

（1）灾情映射因子分析：对可能引发灾害的各种因子进行深入研究和分析。灾害包括自然灾害如地震、洪水、风暴等，以及人为灾害如事故、恐怖袭击等。对于每一种灾害，识别主要的映射因子，了解其可能的发生原因和影响范围。

（2）灾情设定：基于对映射因子的分析，进行灾情设定，包括确定灾害的起因、发生过程和可能的结果。在这一阶段，考虑灾情的严重程度、影响范围、时间和空间分布等方面的因素，以建立全面的模拟场景。

（3）模拟灾情过程：利用先进的模拟技术，模拟灾情的发展过程。这可能涉及使用数学模型、GIS 等工具，以更准确地预测灾害的演变。模拟过程应该包括灾害的传播、影响区域的扩散以及可能的次生灾害。

（4）预演应急部署：根据模拟结果，预演应急部署方案，包括确定应急响应的各个阶段，制订紧急撤离计划、医疗救援计划、物资调配计划等。应急部署应该考虑到各种情况下的最佳应对策略。

（5）预演力量部署：根据灾情模拟，调配合适的力量进行灾害应对，可能涉及调动救援队伍、医疗人员、安全部队等资源，确保在灾情发生时能够快速有效地提供帮助。

（6）演练和评估：进行定期的演练，以确保应急部署和力量部署方案的实际可行性。通过演练，可以发现潜在问题并及时进行修正，提高灾害应对的效率和精准度。

案例模拟 UI 界面见图 5.1.11。

图 5.1.11　案例模拟 UI 界面

5.2　长江流域水利系统

5.2.1　建设背景

河海大学是中国第一所培养水利人才的高等学府，开创了中国水利高等教育的先河。一百多年来，学校在治水兴邦的奋斗历程中发展壮大，被誉为"水利高层次创新创业人才培养的摇篮和水利科技创新的重要基地"。学校以保障国家水安全为己任，聚焦大江大河治理和水资源综合利用与开发，紧密结合三峡工程、南水北调、西南水电开发、引江济淮等重大工程建设管理，承担了一大批国家层面重点、重大研究计划和重点、重大工程科研项目，实现一系列引领性、原创性和标志性成果产出。

为了进一步提高教学质量并深入对水利系统的研究，河海大学工程技术研究中心以长江经济带为研究对象，建立了集上游、中游、下游于一体的物理和数字模型，实现了厂网河湖岸一体化智慧水利综合治理体系。该水利模型的建立为学生的课程学习起到了示范作用，同时也为水利工程的研究提供了重要的素材。通过数字模型的动态模拟，可以建立长江流域"水、陆、空"一体化生态监测、评估、预警体系，从而推动生态功能的有效改善。

5.2.2　建设内容

长江流域水利综合物理模型主要建筑物由大坝、电站厂房、船闸和升船机等组成。通过软件模拟建筑物场景，部署相关传感器，建立数字孪生水利综合系统，为实现长江流域的智慧管理奠定基础。水利系统的建设内容涵盖物理模型和数字模型两部分。

5.2.2.1　物理模型

长江流域水利综合物理模型如图 5.2.1 所示。

图 5.2.1　长江流域水利综合物理模型

5.2.2.2　数字模型

1. 水利设施分布图

长江流域水利设施分布如图 5.2.2～图 5.2.15 所示。

图 5.2.2　城市群

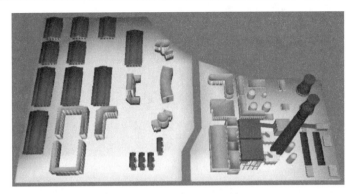

图 5.2.3 工业群

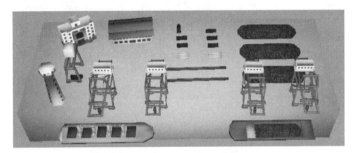

图 5.2.4 内河货运码头

图 5.2.5 内河客运码头

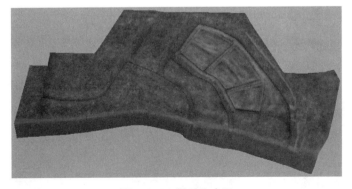

图 5.2.6 渠系和农田

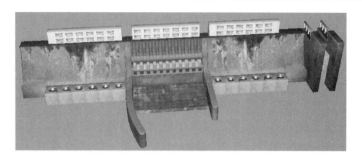

图 5.2.7　三峡重力坝

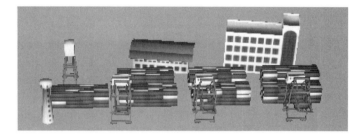

图 5.2.8　深水码头

图 5.2.9　太阳能电池板

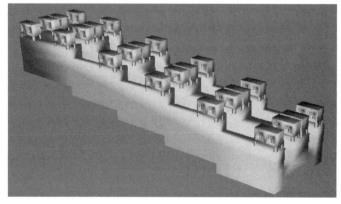

图 5.2.10　五级船闸

图 5.2.11　小湾电站

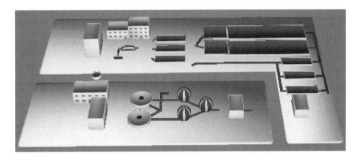

图 5.2.12　污水处理厂

图 5.2.13　斜拉桥

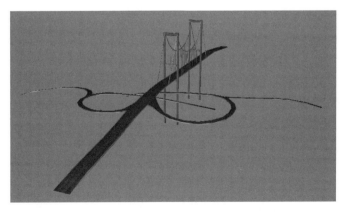

图 5.2.14　悬索桥

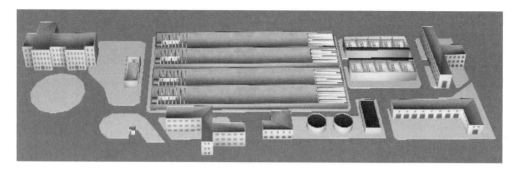

图 5.2.15　自来水厂

2. 水利系统数字模型整体及局部图

长江流域水利系统数字模型整体如图 5.2.16 所示，局部如图 5.2.17～图 5.2.20 所示。

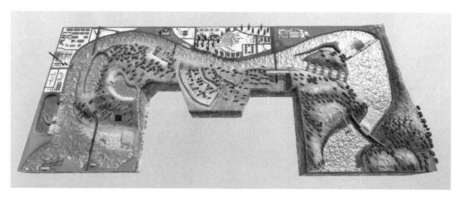

图 5.2.16　整体图

图 5.2.17　局部图（一）

图 5.2.18 局部图（二）

图 5.2.19 局部图（三）

图 5.2.20 局部图（四）

5.3　数字孪生水文站——戴村坝水文站

5.3.1　案例介绍

资源 5.2
戴村坝数字
孪生水文站
平台展示

戴村坝水文站隶属于山东省泰安市水文中心，位于东平县城南，系大汶河入东平湖口控制站。

戴村坝水文站示范项目为构建具有预报、预警、预演、预案功能的数字孪生体系，进一步提升大汶河流域洪涝灾害监测预警能力，保障东平湖、黄河防汛和人民群众生命财产安全提供有力技术支撑。平台展示见资源 5.2。

5.3.2　建设内容

（1）构建数字孪生流域，建立大汶河干流全真模型。以东平湖入湖控制站——戴村坝水文站断面为切入点，综合运用 3D GIS 和虚拟现实技术，进行数字化、矢量化、结构化处理，从宏观、微观尺度上实现全景可视化展示，建立戴村坝动态三维场景。

（2）建设戴村坝水文站洪水预演系统，在反复预演中优选决策预案。依据在虚拟场景中实时直观呈现最大洪峰流量、最高洪水位及其出现时间、次洪水总量等，逐一在虚拟流域中进行模拟，比选出最佳方案，实现智慧防洪监测预案。

（3）建设洪水预测预警与洪水监测联动调配系统，为指挥调度提供决策依据。利用实时区间雨情和上游水情变化信息，研判、修正拟合戴村坝水文站断面最大可能的洪水变化趋势，为洪水测报工作提供参考与建议。

5.3.3　关键技术介绍

5.3.3.1　仿真三维场景

数字场景的克隆映射，采取了无人机倾斜摄影与 3D GIS 的结合，实现如图 5.3.1 所示的仿真三维场景，并较为完整地克隆了从戴村坝上游到下游 5km 左右的河床断面，从而更好地实现洪水模拟。

图 5.3.1　数字孪生水文站应用界面

图 5.3.2　机器人自动巡站

此外，对戴村坝水文站内部进行了详细的建设，同时含有机器人自动巡站功能（图5.3.2），通过实时巡视水文站点内设备获取设备信息。在图5.3.2右上角显示了水文站俯视图，更加方便地实现对各个点位设备的监测。

5.3.3.2 实时数据监测

实时数据包括：水文站设备仪器数据、人工数据及重要监控数据。

通过三维建模复刻大汶河流域图，并添加三维信息点展示水文站、雨量站、水库等的重要数据，实现一览全图便可以看清各个信息点数据情况。

通过便捷的 UI 方式展示数据，并自动将无序的数据按照时间顺序绘制在图表上，如图5.3.3所示。

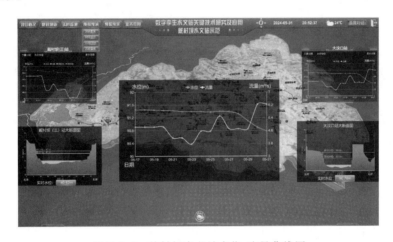

图 5.3.3　戴村坝水文站水位-流量曲线图

5.3.3.3 洪水推演系统

洪水推演系统可进行水位、流量数据预报，利用上游的降雨量、流量等数据计算与下游产生的时差、量差、位差三要素。在主要的汛期，将水文站的系统监测数据和人工监测数据相结合，预报精度达到 3.33%。通过历史数据推演出洪水过程曲线，如图5.3.4所示。

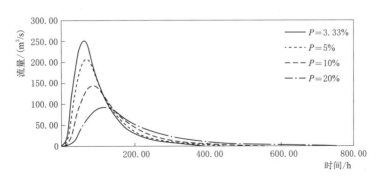

图 5.3.4　洪水过程曲线

P—预报精度

（1）上游流量输入。通过大汶口的洪水流量、雨量传播到戴村坝，使得戴村坝的流量等产生变化。通过算法推演出洪水走向与流量大小，计算读出戴村坝水文站点最高水位与最低水位以及对下游的整体影响情况，如图 5.3.5 所示。

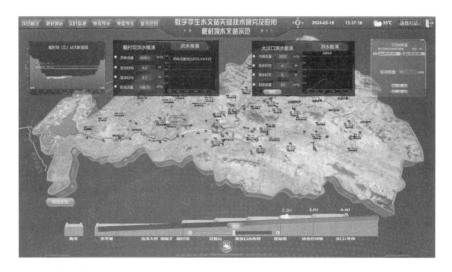

图 5.3.5　洪水推演

（2）洪水漫滩模拟。根据洪水推演的结果，从计算系统中获取推演后的结果数据，通过图表、断面图、UI 界面以及水体模拟等展现出具体的洪水漫滩过程，并通过漫滩计算公式计算出大致的漫滩面积，如图 5.3.6 所示。

图 5.3.6　漫滩模拟

（3）预演操作。漫滩模拟结束后，通过不同测流方法以及人员模拟调遣来获取更加详细的报汛信息。图 5.3.7 展示了用无人机测流的预演方式。

图 5.3.7 无人机测流

5.4 数字孪生门楼水库

5.4.1 案例介绍

门楼水库位于山东省烟台市清洋河下游，烟台市福山区门楼镇以西 2km 处，建于 1958—1960 年，占地 2.198 万亩。水库控制流域面积 1077km^2，总库容 2.02 亿 m^3，是一座兼具防洪、灌溉、发电、饲鱼、参观、游览等功能的综合性大型水库。门楼水库是烟台市区主要水源地，烟台市区 70% 以上工业生产和居民生活用水都来自这里。门楼水库流域地处暖温带东亚季风大陆性气候区，四季分明，气候温和，年平均气温 11.5℃，年总日照时数 2667.0h，多年平均年降水量 753.1mm，多年平均年水面蒸发量 1115.1mm。降水量年内极不均匀，6—9 月降水量占全年降水量的 80%，其中 7—8 月的降雨量占全年降水量的 52%。建库之初，水库功能以防洪灌溉为主；1982 年后以供应烟台市区用水为主，兼顾农业灌溉，每天对烟台市区供水达 10 万 m^3。流域以农业生产为主，是山东省主要水果生产基地。

5.4.2 建设内容

在原有系统的基础上，以门楼水库水文观测场为试点开展数字孪生水文站精细化管理建设，扩大数据收集的范围深度及服务能力，开展泥沙、墒情、水质、气象要素监测，围绕数字孪生流域和水文现代化建设等发展要求，建设数字孪生门楼水库水文观测场，进行水文监测数据全量接入，日常管理能力、业务处理能力显著提升，实现了数字化、智能化、现代化水平的提档升级。平台展示见资源 5.3。

资源 5.3
门楼水库数字
孪生水文站
平台展示

5.4.3 关键技术介绍

5.4.3.1 仿真三维场景

水库水文站三维场景的制作采用 GIS 加高程的技术实现，采用水体模拟算法实现了对水库库容的模拟，如图 5.4.1 所示，并实现了溢洪道三维场景的建模（图 5.4.2），实现了相应的物理特性，可以更好地实现水库调度模拟。水文站内主要映射了水文楼、观测场（图 5.4.3）、径流小区、农业示范园等主要场景。

图 5.4.1　数字孪生水库水文站应用界面

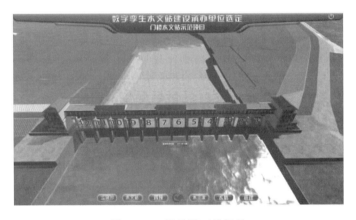

图 5.4.2　溢洪道三维场景

图 5.4.3　观测场三维场景

5.4.3.2 实时数据监测

平台通过接入降水量、库上水位、蓄水量、入库流量、出库流量五项重要水库监测数据进行曲线制图展示,如图 5.4.4 和图 5.4.5 所示。加入了气象信息显示部分,能更加方便地获取下一时刻和未来三天的气象信息,如图 5.4.6 所示。

图 5.4.4 水库监测数据
曲线图(一)

图 5.4.5 水库监测数据
曲线图(二)

图 5.4.6 气象信息

5.4.3.3 水库调度系统

1. 入库模拟

入库模拟主要包含降雨设置、入库流量计算、库上水位计算等,如图 5.4.7、图 5.4.8 所示。

图 5.4.7 降雨设置

2. 出库模拟

出库模拟主要针对单独开闸放水的情况设置,计算出库流量和开闸后库上水位的变化情况,如图 5.4.9 所示。

3. 调度模拟

调度模拟分为自动调度和手动调度,在这里主要介绍手动调度部分。根据前几日雨量数据及土壤墒情，设置雨量计算，得出相应的库上水位变化，并依据汛期要求，计算出调度方案及调度曲线图，如图 5.4.10、图 5.4.11 所示。

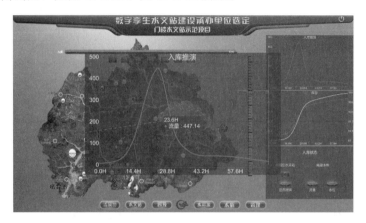

图 5.4.8　入库推演

图 5.4.9　出库推演

图 5.4.10　降雨设置

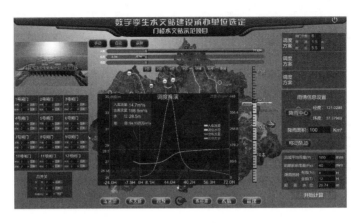

图 5.4.11　调度推演

5.5　数字孪生智慧园区

5.5.1　案例介绍

　　智慧园区治理采用大沃水肥一体化技术，借助智能施肥机系统，将可溶性固体或液体肥料按土壤养分含量和作物的需肥规律、特点配兑成肥液，与灌溉水一起，通过智能阀控系统供水、供肥，水肥相融后，通过管道和滴头形成滴灌，均匀、定时、定量浸润作物根系发育生长区域，使主要根系土壤始终保持疏松和适宜的含水量；同时根据不同的作物的需肥特点，土壤环境和养分含量状况，作物不同生长期需水、需肥规律情况进行不同生育期的需求设计，把水分、养分定时、定量、按比例直接提供给作物，做到智能施肥、科学施肥。智慧园区平台展示见资源 5.4。

资源 5.4
数字孪生
智慧园区
平台展示

5.5.2　建设内容

　　系统按功能及安装位置分为首部智能化控制系统、田间灌溉分区控制系统、田间环境监测系统、视频监控系统、系统平台管理系统。监测系统将检测到的数据，通过通信协议信号传输至网关，网关将数据上传至云平台进行对比分析处理。当检测数据小于或大于设置阈值时，云端平台会向手机终端下发预警信息，提醒用户操作，也可设置无人自动灌溉，实现准确及时浇灌。

　　（1）远程控制：用户可通过手机或电脑对相应设备（机井、智能阀门、智能施肥机等）进行远程开关。

　　（2）土壤监测：感知土壤温度、湿度、电导率，指导用户施肥灌溉操作，也可设置监测点，实现无人自动化灌溉。

　　（3）批量控制：用户可以分组对智能阀门进行批量控制，分组时阀门数量不受限制，用户可自定义。

（4）视频监测：用海康威视品牌摄像头，满足《公共安全视频监控联网系统信息传输、交换、控制技术要求》（GB/T 28181—2022）的规定，一个平台可配置多个摄像头。

（5）水肥一体化：通过首部智能施肥机控制管道系统供水、供肥，使水溶肥料均匀浇灌到各作物根部，实现定时定量科学施肥。

（6）病虫害监测：集害虫诱捕及拍照、环境信息采集、数据传输、数据分析于一体，实现远程监测、虫害预警和防治指导的自动化、智能化。

（7）气象监测：汇集传感器和气象站所收集的数据，图形化地直观展示。可设定阈值预警，提醒用户预防作物灾害。

（8）综合平台：系统平台集智能化控制系统、农产品安全追溯系统、农场管理系统、种植管理系统、用户管理系统五大系统于一体，是一个综合型应用平台。

5.5.3　关键技术介绍

5.5.3.1　平台系统

智慧园区的平台系统涉及的技术包括园区环境监测技术、病虫害实时监控技术，以及重要数据的图形绘制、展示技术等，界面如图 5.5.1～图 5.5.4 所示。

图 5.5.1　系统主界面

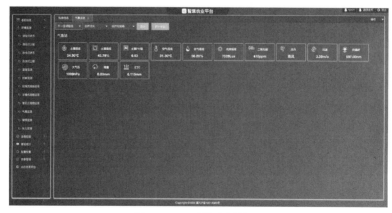

图 5.5.2　环境监测界面

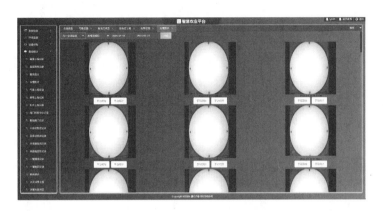

图 5.5.3 病虫害实时监控界面

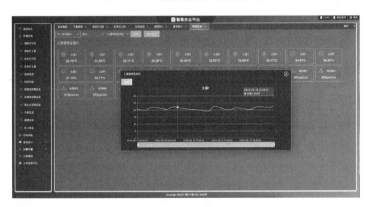

图 5.5.4 图形展示界面

5.5.3.2 溯源系统

农产品质量安全追溯是集成在"智慧农业综合服务平台"中的一项重要功能，以农业物联网为核心技术支撑，应用 RFID 技术、4G 网络、二维码技术为每一个农产品贴上"身份证"，建立独一无二的农产品溯源档案。农产品质量安全追溯物联网系统针对农产品从生长到销售各环节的农产品质量安全数据及时进行采集上传，为消费者提供及时的农产品质量安全追溯查询服务，为农牧部门提供有效的农产品质量安全监督管理机制和手段。农产品质量安全追溯物联网系统使消费者通过方便的途径，如扫描二维码或条形码、短信、电话、触摸屏、网上查询等即可查看农产品从播种到采摘的全过程。

5.6 水利工程智慧工地管理应用

5.6.1 案例介绍

"十四五"阶段，高质量发展是水利工程建设行业的"关键字"，发展智能建造是现阶段和未来一个时期水利工程建设行业补齐发展短板、提高核心竞争力、完成高质量发展的根本所在，智慧水利是新阶段水利高质量发展的显著标志。数字孪生是智慧水利发展的最新阶段，数字孪生水利以流域为单元、以江河水系为经络、以水利工程为节点，通过数字孪生构建起现代水利基础设施的智慧网络平台，满足新时代经济社会发展新要求。

自 2014 年 5 月起，国务院第 48 次常务会议要求分步建设 172 项重大水利工程，位于太湖流域的吴淞江工程是 172 项重大水利工程之一，也是《太湖流域防洪规划》等流域规划确定的流域性重点工程之一。工程的实施将进一步提高太湖流域防洪能力，对上海市区域除涝、活水畅流、生态景观、内河航运等都具有显著效益。新川沙泵闸枢纽工程是吴淞江工程四大枢纽之一，作为吴淞江工程先期实施项目，以及在工程建设期率先开展数字孪生技术应用的先行先试项目，实现了工程数字孪生和工程建设基本同步，使得数字孪生技术应用具备了由工程运维期为主向工程建设期延伸的条件，为打造工程全生命周期的数字孪生创造了条件，更具备示范与借鉴意义。

数字孪生水利工程建设是一种崭新的工程全生命周期管理形式，运用信息化手段，通过数字孪生技术对工程项目进行精确设计和施工模拟，围绕施工过程管理，建立互联协同、智能生产、科学管理的施工项目信息化生态圈，并对在虚拟现实环境下的数据与通过物联网采集到的工程信息进行智能分析，实现工程施工智能管理，以提高工程管理信息化水平，从而逐步实现绿色建造和生态建造。智慧工地平台展示见资源 5.5。

资源 5.5
数字孪生
智慧工地
平台展示

2022 年 3 月 30 日，水利部印发《数字孪生水利工程建设技术导则（试行）》，从数字孪生水利工程建设的重要性、内涵、框架，以及数据底板、模型库、知识库、孪生引擎、监测感知、通信网络、工程自动化控制、工程安全智能分析预警、网络安全体系、运维体系等数字孪生水利工程重点内容进行解读，并对建设指标适用情况和共建共享要求进行说明，以指导数字孪生水利工程建设。也就是说，基于大数据、人工智能、云计算、可视化等技术，构建从数据汇集到数据应用的全链路管理模式，实现数据标准化、高质量管理，打破水利、水务信息孤岛，建立多场景多维度的数字孪生应用，以数据赋能管理，以管理保障数据，最终形成闭环高效的工程管理、流域管理体系。

5.6.2　建设内容

水利工程智慧化建设是智慧水利体系的基础及重要组成部分。在建设过程中，遵循国家、水利部、上海市人民政府等各级管理单位对智慧水利和数字孪生建设的要求及规范，分步分项实施数字孪生建设，构建水利工程建设数字孪生平台。融合工程建设期"人、机、料、法、环"数据，构建工程影响区域的 L3 级数据底板，建设智慧化建设管理所需的模型平台，与工程数字底板共同组成工程建设的数字孪生平台，构建工程建设"四预"（预报、预警、预演、预案）智慧体系，确保工程建设精准、后续运行高效，进而提升国家水安全保障能力。

该智慧体系是水利高质量发展和工程建设高质量管理的重要抓手，一方面将大幅提高项目建设和施工单位管理效率，实现建设信息的智能采集和处理、建设沟通的平台化，降低管理成本和生产成本，提高施工质量，最大程度避免人为因素造成的施工偏差或误差等影响施工质量，做到早预防、早计划；另一方面，将设计施工 BIM 模型和实施过程信息数据、数字资产、监测数据等数据底板作为工程竣工验收的一部分整体交付工程运营单位，为运维管理提供服务，节省部分运维平台的建设成本；再一方面，通过平台数据的透明共享机制，为行业主管部门及时、准确、直观地掌握工程建设进展情况创造了条件，对于施行水利工程建设管理过程的强监管具有重大意义。另外，数字孪生理念在水利工程建设阶段的成功探索和应用，对推动水利科技发展和全面创新，形成供行业推广应用的技术体系和科技产品具有重要意义。

智慧工地管理应用建设内容覆盖了建设阶段、管理阶段、运营阶段、维护阶段全生命周期管理，包括施工人员、施工机械设备、施工材料、施工质量、施工进度、施工安全、原材料和弃土运输、防台防汛、党建等管理内容，还通过加强感知网络的建设，实现了对施工车辆、基坑、水质、能耗、塔吊、环境、视频监控等现场施工情况的监测，结合 UE 可视化模型、知识库、水利专业模型的建设，做到了项目态势全感知、安全预警早知道、风险隐患早排查。

系统按照"需求牵引、应用至上、数字赋能、提升能力"的要求，以提升工程建设管理过程中数字化、网络化、智能化为主线，以数字化场景、智慧化模拟、精准化决策为路径，以数字底板算据管理系统、数字孪生能力支撑系统、建设工程管理智能化应用系统为支撑，实现工程建设管理过程中数字工程与物理工程同步仿真建设，构建水利工程建设期"四预"智慧管理体系管理平台。平台架构根据水利工程智慧化建设和施工管理的实际要求进行相应扩展。智慧工地管理应用建设架构如图 5.6.1 所示。

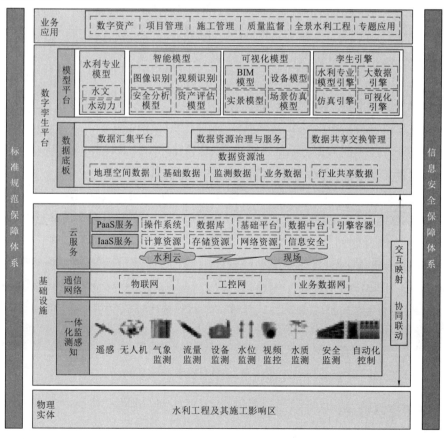

图 5.6.1 智慧工地管理应用建设架构

（1）物理实体。物理实体即工程建设项目实体，涵盖了水利工程及其施工影响区域，以及对工程施工产生影响的河段等范围，同步建设覆盖区域的 L3 级数据底板。

（2）基础设施。基础设施主要涵盖一体化监测感知、通信网络及云服务。

1）一体化监测感知：在已有监测体系基础上，融合新型监测技术，形成空天地一体化感知网，夯实算据获取，提高监测能力。

2）通信网络：整合已有网络体系，提供数据传输基础环境。

3）云服务：充分利用现有环境，在此基础上根据所需计算能力适当分配计算、存储等资源，形成孪生平台环境。

（3）数字孪生平台。数字孪生平台由数据底板、模型平台等组成。

1）数据底板：整合水利工程建设和施工相关地理空间、基础、监测、业务、行业共享等数据，形成数据资源池，构建数据汇集、治理、共享、服务等相关功能，并与物理实体建立交互映射、协同联动关系。

2）模型平台：建设水利专业模型、智能模型、可视化模型三类模型体系，辅以数据、模型、仿真等孪生引擎，实现各类数字孪生应用的模拟和可视化展现。

（4）业务应用。以水利工程建设管理需求为导向，围绕建设过程管理、工地施工管理、资产管理、质量监督等工作，构建孪生平台应用体系。

（5）标准规范保障体系。在现有基础上，逐步形成针对数字孪生工程建设的标准规范，保障各类新技术的充分应用以及孪生平台各元素的无缝衔接。

（6）信息安全保障体系。按照国家安全等级保护相关制度规定，结合本孪生平台对安全防护的实际要求，建设安全防护体系，形成安全防护相关制度，提升平台应对网络安全风险的能力。

本智慧工地管理应用的一大特色是将 BIM 技术与信息化手段相融合，构建 L3 级数据底板，实现基于构件级的施工进度精细化管理。其建设成果不仅可以实现新川沙泵闸枢纽工程建设期的数字化交付，为后期运维提供数据和技术支撑，还可以为太湖流域数字孪生水利工程的建设提供示范样例。软件界面如图 5.6.2 所示。

图 5.6.2　软件界面

5.6.3　关键技术介绍

通过智慧工地管理应用建设，全方位多角度实现对项目建设过程的管控，提升精细化管理水平，为最终实现数字资产交付、数字孪生水利工程建设探索一条可行的技术路线，力争实现以下应用创新：

（1）实现参建和监管各方在同一平台上进行协同办公和数据资源共享，工程建设与工程监管深度融合。

（2）提前考虑运维期的业务需求，尤其是在机电设备和水利感知网建设中，可以结合工程进度提前设计和预埋，避免以后重复建设和重复投入，实现工程建设与运营维护深度融合。

（3）通过将 BIM 技术与进度管理、质量管理、安全管理和信息管理的数据融合，将业务及感知数据同 BIM 构件关联，并通过可视化方式实现对项目进展及项目现状的实时监测，实现 BIM 技术在数字孪生水利工程建设中的深度应用。

（4）和各大数据中心及相关部门共建共享完善数据底板功能，在防汛防台、项目排期等场景中应用，实现水利专业数据与大数据中心共享数据的深度融合。

5.6.3.1　面向水利工程对象的施工数字化技术

施工数字化技术紧紧围绕"人、机、料、法、环"5 个关键要素，以业务数据为基础，以智能采集技术为支撑，以提高工作效率、减轻管理负担为目标，切实满足工程建造过程的动态监管需要。施工数字化技术依据应用阶段和目的，存在两个维度的定义：一是在施工建造之前，依托三维数字化设计模型，利用仿真模拟技术实现工程虚拟建造；二是在施工过程中，把数字化设计数据传送到项目现场以指导施工作业，同时运用物联网技术采集现场施工信息，与模型进行数据关联并分析模拟以辅助决策。

5.6.3.2　基于数字孪生仿真的 BIM＋GIS＋电子签章技术

以设计、施工模型以及数据为基础形成新川沙泵闸枢纽 BIM 模型，构建泵闸枢纽质量验评标准表单库，通过轻量化、GIS 可视化等手段，实现 BIM 模型构件、单元工序、质量验评的有机联动，实现项目资料无纸化、标准化、精细化管理，并使用电子签章技术在线审批，在线查看关联模型，提升工程建设监管效率。

将工程建设的质量管理、进度管理、安全管理、设备管理、材料管理、质量验评与 BIM＋GIS 技术融合，实现对质量、进度、安全、材料等的可视化管理。

利用电子签章技术，实现对工程质量验评、施工日志、监理日志、材料验收等业务的数字化管理，为实现项目数字化交付奠定基础。

5.6.3.3　基于数字孪生仿真的 IOT＋视频识别技术

通过布设监测位移、沉降、渗压、水位、水质、潮位等的物联感知设备，采集各施工环节需监测的各类数据；通过无人机、地面机器人、视频监控等采集手段，从各个角度收集项目建设相关视频流进行分析、学习，对异常数据和违规行为进行预告、预警、处置；构建项目建设智慧管控体系，并通过模拟仿真实现"四预"应用，提升工程施工安全的隐患快速发现及处置能力。智慧工地管理应用预报系统如图 5.6.3 所示。

其中，北斗导航技术是利用北斗导航和电子围栏技术，实现对土方开挖、外运、倾倒等的全过程可视化管理。

视频识别技术是通过建立水利工程专业智能识别算法库，实时发现、反馈、处置现场质量安全问题，为视频识别技术在水利工程建设和运维中的推广奠定基础。

　　UE 模型轻量化技术是在云端部署 UE 可视化环境,通过像素流推送方式,实现在终端随时随地展现项目状况,不受硬件配置影响,达到更好的项目可视化展现效果。模型管理界面如图 5.6.4 所示。

　　AI 智能交互是将数据底板中各类感知数据、业务数据、共享数据与语言处理和数据挖掘技术结合,开发人机交互功能,实现对在建项目关键数据的提取,提升了现场管控的实时性、便捷性和有效性。

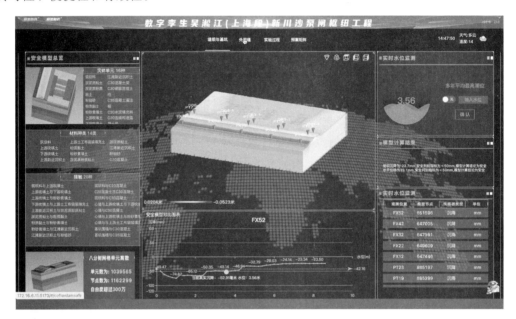

图 5.6.3　智慧工地管理应用预报系统

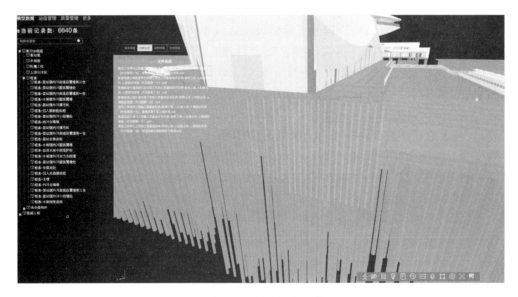

图 5.6.4　模型管理界面

5.7　数字孪生智慧建模

5.7.1　案例介绍

在水利数字孪生项目中，倾斜摄影必不可少，与城市、园区、工厂等数字孪生不同，它们对地形关系精准度没有那么高的要求，更关注的是资产、安全、管理等业务版块，可以采用纯虚拟建模的形式。而水利数字孪生项目中，为更好地构建水利部提出的"2＋N"智能业务应用体系，其中防洪减灾、水资源调度等都基于高精度真实地形模型进行洪水推演、模拟分析等，对真实的地形关系要求非常高。智慧建模平台展示见资源5.6。

资源5.6
数字孪生
智慧建模
平台展示

5.7.2　建设内容

智慧建模平台以高端的3D模型为主要内容，搭配高级UI界面展示水利数字孪生平台，如图5.7.1～图5.7.4所示。

图5.7.1　都江堰场景展示

图5.7.2　鹅公水库平台展示

图 5.7.3　都江堰平台展示

图 5.7.4　黄河西干渠平台展示

（1）数据采集：采用高精度航测技术，同时使用多台大中型无人机、搭载五镜头相机及长测程雷达、300 台高性能模型机及空三机，确保高效率高质量的倾斜摄影数据采集和处理。

（2）数据处理：采用高端的三维模型技术，配备多款先进的三维建模软件，并拥有丰富的多种类型数据处理经验。在模型构建过程中，运用修模、轻量化、单体化等技术，同时巧妙地融合手工建模的专业手段，以解决倾斜摄影数据量过大导致无法应用的问题。通过这一系列综合而专业的技术手段，能够更有效地应对复杂的三维模型构建需求，确保项目的可视化管理和数字孪生平台的高效运作。

（3）游戏引擎场景搭建：利用成熟的三维渲染技术，搭建优质场景画面，真正实现艺术性与真实性共存的"数字孪生"！

5.7.3　关键技术介绍

（1）采用无人机（图 5.7.5）进行倾斜摄影，对地理信息进行收集。

图 5.7.5　倾斜摄影无人机

（2）对所有的植被进行去除，保留原始地形关系，如图 5.7.6 所示。

（3）对重要建筑物进行单体化建模（图 5.7.7），并采用 PBR 材质贴图。

（4）在倾斜摄影中，河道都是有水面的，看不到河床，在没有用无人船做多波束扫测的情况下，根据断面对水下地形进行手工建模，如图 5.7.8 所示。

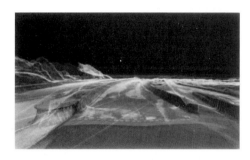

图 5.7.6　植被去除

图 5.7.7　单体化建模

图 5.7.8　断面建模

（5）场景融合。对数字高程模型（DEM）、正射影像图（DOM）、手工三维模型、倾斜摄影、植被等多方面场景进行融合，如图 5.7.9 所示。

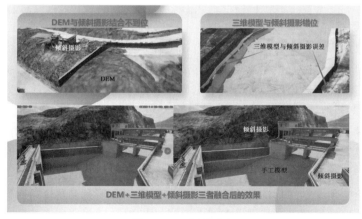

图 5.7.9　场景融合

5.8　数字孪生拦路港系统

5.8.1　案例介绍

拦路港位于上海市青浦区、松江区境内，属跨江苏省和上海市的边界河道。拦路港干流河道全长约 30km，两岸大堤全长约 56km，是市级航道，更是太湖流域重要河道，其所在的黄浦江水系为流域最下游河道。拦路港系统展示见资源 5.7。

为贯彻党中央、国务院决策部署和水利部党组要求，迫切需要加强拦路港数字孪生建设。上海市堤防泵闸建设运行中心认真学习领会习近平总书记重要讲话和指示批示精神，按照上海市和水利部有关文件要求，以数字化、网络化、智能化为主线，以"数字化场景、智慧化模拟、精准化决策"为路径，按照"需求牵引、应用至上、数字赋能、提升能力"的总要求，全面加强算据、算法、算力建设，推动信息技术与业务应用

资源 5.7
数字孪生
拦路港
系统展示

的深度融合，以数字赋能水灾害防御、水资源优化配置、河湖生态保护治理等领域，不断提升水利数字化、网络化、智能化水平，为水利高质量发展提供有力支撑。

5.8.2　建设内容

系统严格遵循"需求牵引、应用至上、数字赋能、提升能力"的总要求，紧贴拦路港堤防管理业务需求，聚焦堤防结构安全管理和防汛防台两大应用，以数字化、网络化、智能化为主线，以精细化管理、数字化场景、智能化应用、智慧化决策为建设目标，以算据、算法、算力建设为核心，建成 1 个数据底板、1 个知识平台、6 个智能模型，实现 5 个智能应用，堤防结构安全管理和防汛防台两项业务基本实现"四预"，同时实现了拦路港堤防一网统管。数字孪生拦路港系统架构如图 5.8.1 所示。

5.8.3　关键技术介绍

5.8.3.1　共享数据库

建成 1 个数据底板，为数字孪生提供算据支撑，系统应用界面如图 5.8.2 所示。按照水利部 L2 级＋L3 级数据底板建设要求，建成了基础数据库、地理空间数据库、监测数据库、业务数据库和共享数据库等五大类数据库。基础数据库整合接入了堤防网格化管理系统 14 项设施数据。地理空间数据库，首先是共享接入了大数据中心地理空间数据，再就是利用无人机激光雷达巡测和无人船多波束扫测等新型感知监测手段，构建了两岸堤防、设施设备和重点管理区 BIM 模型、两岸 100m 内倾斜摄影模型和水下地形三维模型。监测数据库接入了沉降、位移、渗压、水位和视频等 7 项感知监测数据。业务数据库汇集了堤防薄弱岸段抢险预案、超标准洪水防御预案、防汛防台预案以及堤防维修养护技术规程规范等结构化知识数据和堤防运行监管数据。共享数据库共享接入大数据中心气象、水情和雨情等数据，如图 5.8.3 所示。

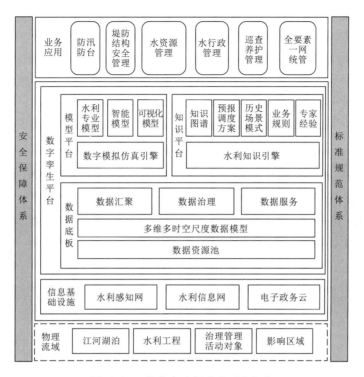

图 5.8.1　数字孪生拦路港系统架构

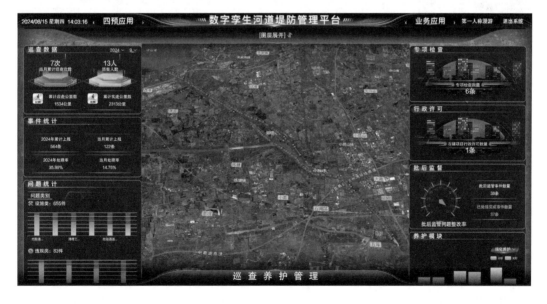

图 5.8.2　系统应用界面

　　建成 1 个知识平台，为智慧决策提供基础支撑。构建了工程安全库、应急预案库、业务规则库，持续完善专家经验库、历史场景库，通过大语言模型应用，实现知识检索、知识抽取和智能问答等功能。

建成 6 个智能模型，为"四预"应用提供算法支撑。完成了防洪度汛模型、堤防结构安全模型、重大危险源分析模型、水利知识模型、工程资产评估模型、巡查养护模型等 6 个智能模型。在此基础上，应用二维三维一体化技术，通过虚幻引擎、GIS 引擎、BIM 引擎等，实现仿真模拟。

实现 5 个智能应用，全面提升智慧化管理水平。实现了防汛防台、堤防结构安全管理两个"四预"管理核心应用和巡查养护管理、水行政管理、水资源管理三个业务智能管理应用。

图 5.8.3　数据展示界面

5.8.3.2　无人机应用

无人机系统通过搭建一站式任务管理平台，配合机库实现无人值守自动化、实时化、精准化巡检，高度融合 5G＋AI，实现 AI 识别问题、5G 实时直播现场精准定位，智能化获取目标要素影像及属性信息，建立天地一体立体化、智能自动化的巡、防、控模式。

无人机场布设后，通过系统的综合管理功能，实现对机场的全面掌控，包括模型生成、航线规划、计划任务设置、返航设置、任务执行、成果管理等。

建立无人机巡检服务统一管理、一站式全生命周期智能巡检管理，所有无人机按照统一要求接入系统无人机巡检模块管理，实现任务、飞手、航线、无人机机型等一键下发，巡检过程随时直播，成果数据统一分析处理，一站式解决巡检全过程数字孪生场景；实时感知当前状态，进行无人机在线分布显示；任务及航线规划统一修改，一键下达现场；历史数据"回头看"和历史问题"一键直达"，现场巡检过程随时远程控制查看。

使用布设的无人机、无人机库，实现无人值守，自动巡检。建立 7×24h 无人值守自动巡检。预设好航线任务，无需人工干预，7×24h 智能化、全自主化智能巡检；预先规划巡检路径，设定目标任务、航线目标区域，指定时间作业，自动巡检作业。巡检结果可以实时接入系统，实现业务的统一管理。

　　使用无人机实时开展 5G 高清直播巡河。通过直播方式多维度、多视角巡查现场，AI 识别问题，工单直播现场交办。采用 5G 直播技术，可通过可见光、热红外等无人机挂载镜头，常态化或非常态化高清直播查看现场。建立无人机应急事件秒响应机制，在第一时间将现场画面实时 5G 直播至指挥中心大屏，结合重点区域无人值守机巢及机动班组，实现远程直播、现场照明、喊话宣传、应急秒响应，配合现场应急保障将现场画面 5G 实时回传指挥中心，可随时随地远程直播查看现场，在应急情况下临时远程指挥决策。

5.8.3.3　无人船应用

　　无人船系统通过搭载多波束测深系统获取水下地形数据，同时集成航空摄影测量、机载雷达、CORS 系统等新技术方法获取多源异构地形数据，实现整个河道，特别是深泓逼岸较严重的河底及近岸地形测量，严控深泓逼岸现象，提升堤防安全管理"四预"水平。

　　近年来，拦路港已逐步形成日常巡检工程现场评价、感知安全监测评价、机理模型稳定风险评价等为基础的"三合一"堤防安全综合评估体系。基于多波束测深系统加工获得的泥面线参数、滩面高程、滩面平台宽度、岸坡坡比等参数，可以优化和完善上述评估体系，在评估深泓逼岸对堤防安全的影响、揭示拦路港各岸段年内的冲淤变化规律等方面发挥了重大作用。同时，应用多波束测深系统开展拦路港全河段水下地形扫描，并初步实现测量结果的标准化输出及可视化展现，丰富了数字孪生拦路港系统的模拟仿真表达。

参 考 文 献

［1］ Grieves M，Vickers J. Digital twin：mitigating unpredictable，undesirable emergent behavior in complex systems ［M］//Transdisciplinary perspectives on complex systems.［S. l.］：［s. n.］，2016：85 - 113.

［2］ Grieves M. Product lifecycle management：driving the next generation of lean thinking ［M］. New York：McGraw Hill，2006.

［3］ Grieves M. Virtually perfect：driving innovative and lean products through product lifecycle management ［M］.［S. l.］：Space Coast Press，2011.

［4］ 郭亮，张煜. 数字孪生在制造中的应用进展综述 ［J］. 机械科学与技术，2020，39（4）：590 - 598.

［5］ Glaessgen E，Stargel D. The digital twin paradigm for future NASA and US air force vehicles F ［C］// Structural Dynamics & Materials Conference，2012.

［6］ 庄存波，刘检华，熊辉，等. 产品数字孪生体的内涵、体系结构及其发展趋势 ［J］. 计算机集成制造系统，2017，23（4）：753 - 768.

［7］ Tao F，Cheng J F，Qi Q L，et al. Digital twin - driven product design，manufacturing and service with big data ［J］. The international journal of advanced manufacturing technology，2018，94（9/12）：3563 - 3576.

［8］ Phanden R K，Sharma P，Dubey A. A review on simulation in digital twin for aerospace，manufacturing and robotics ［J］. Materials today proceedings，2020，38（9）：174 - 178.

［9］ 董雷霆，周轩，赵福斌，等. 飞机结构数字孪生关键建模仿真技术 ［J］. 航空学报，2021，42（3）：107 - 135.

［10］ 孟松鹤，叶雨玫，杨强，等. 数字孪生及其在航空航天中的应用 ［J］. 航空学报，2020，41（9）：1 - 12.

［11］ 李鹏，潘凯，刘小川. 美国空军机体数字孪生计划的回顾与启示 ［J］. 航空科学技术，2020，31（9）：1 - 10.

［12］ Shao G D，Helu M. Framework for a digital twin in manufacturing：scope and requirements ［J］. Manufacturing letters，2020，24：105 - 107.

［13］ 黄培. 数字孪生在制造业的应用 ［J］. 中国工业和信息化，2020（7）：20 - 26.

［14］ 张俊豪. 基于数字孪生的机械臂虚拟交互系统开发研究 ［J］. 福建质量管理，2020，22（10）：275.

［15］ 刘义，刘晓冬，焦曼，等. 基于数字孪生的智能车间管控 ［J］. 制造业自动化，2020，42（7）：148 - 152.

［16］ Zhu Z X，Liu C，Xu X. Visualisation of the digital twin data in manufacturing by using augmented reality ［J］. Procedia CIRP，2019，81（2）：898 - 903.

［17］ 王少平，康献民，余宏志，等. 基于数字孪生技术的产线设计和迭代演化 ［J］. 机械工程师，2020（8）：28 - 30.

［18］ 李福兴，李璐燨，彭友. 基于数字孪生的船舶预测性维护 ［J］. 船舶工程，2020，42（增刊 1）：117 - 120，396.

［19］ 朱军，阎璐. 基于数字孪生技术的船舶远程应用研究与探讨 ［J］. 中国船检，2020（6）：58 - 62.

［20］ 沈沉，贾孟硕，陈颖，等. 能源互联网数字孪生及其应用［J］. 全球能源互联网，2020，3（1）：1-13.

［21］ 杜明芳. 数字孪生城市视角的城市信息模型及现代城市治理研究［J］. 中国建设信息化，2020（17）：54-57.

［22］ 封顺天，张东，张舒，等. 数字孪生城市开启城市数字化转型新篇章［J］. 信息通信技术与政策，2020（3）：9-15.

［23］ 王文跃，李婷婷，刘晓娟，等. 数字孪生城市全域感知体系研究［J］. 电信网技术，2020（3）：20-23.

［24］ 黄永军，王闰成，马枫. "云上港航"数字孪生系统助航解决方案［J］. 信息技术与信息化，2018（12）：67-70.

［25］ 白雪梅. 数字孪生技术在船舶海工领域的应用前景［J］. 中国船检，2020（5）：49-53.

［26］ 唐文虎，陈星宇，钱瞳，等. 面向智慧能源系统的数字孪生技术及其应用［J］. 中国工程科学，2020，22（4）：74-85.

［27］ 李立涅，张勇军，徐敏. 我国能源系统形态演变及分布式能源发展［J］. 分布式能源，2017，2（1）：1-9.

［28］ 谭云婷. 全时全域的智慧园区数据体系［J］. 高科技与产业化，2020（5）：68-75.

［29］ 高艳丽，陈才，张育雄. 数字孪生城市：智慧城市建设主流模式［J］. 中国建设信息化，2019（21）：8-12.

［30］ 弓勋. 城市智慧水务建设存在的问题及改进措施［J］. 住宅与房地产，2020（30）：210-211.

［31］ 刘强. 基于云物联网的智慧水务生产监控系统研究［J］. 装饰装修天地，2020，33（18）：279.

［32］ 郜雅，袁志波. 浅谈智慧水利与河湖综合管理［J］. 珠江水运，2020（17）：46-47.

［33］ 刘强. 智慧水务建设及其实施路径研究［J］. 科学与信息化，2020，30（5）：7-13.

［34］ 孟庆鹤. 评价智慧水务综合信息管理平台的智慧化运用［J］. 化工管理，2020（13）：92-93.

［35］ 李小龙. 基于信息化技术的智慧水利应用及其发展研究［J］. 智能城市，2020，6（16）：161-162.

［36］ 马珂. 智慧水务信息化系统建设与实践［J］. 建筑工程技术与设计，2020（20）：335.

［37］ 孙世友，鱼京善，杨红粉，等. 基于智慧大脑的水利现代化体系研究［J］. 中国水利，2020（19）：52-55.

［38］ 杜壮壮，高勇，万建忠，等. 基于数字孪生技术的河道工程智能管理方法［J］. 中国水利，2020（12）：60-62.

［39］ 王国岗，赵文超，陈亚鹏，等. 浅析数字孪生技术在水利水电工程地质的应用方案［J］. 水利技术监督，2020（5）：309-315.

［40］ 蒋亚东，石焱文. 数字孪生技术在水利工程运行管理中的应用［J］. 科技通报，2019，35（11）：5-9.

［41］ 陶飞，黄祖广，马昕，等. 数字孪生五维模型及十大领域应用［J］. 计算机集成制造系统，2019，25（1）：1-18.